Operations Research

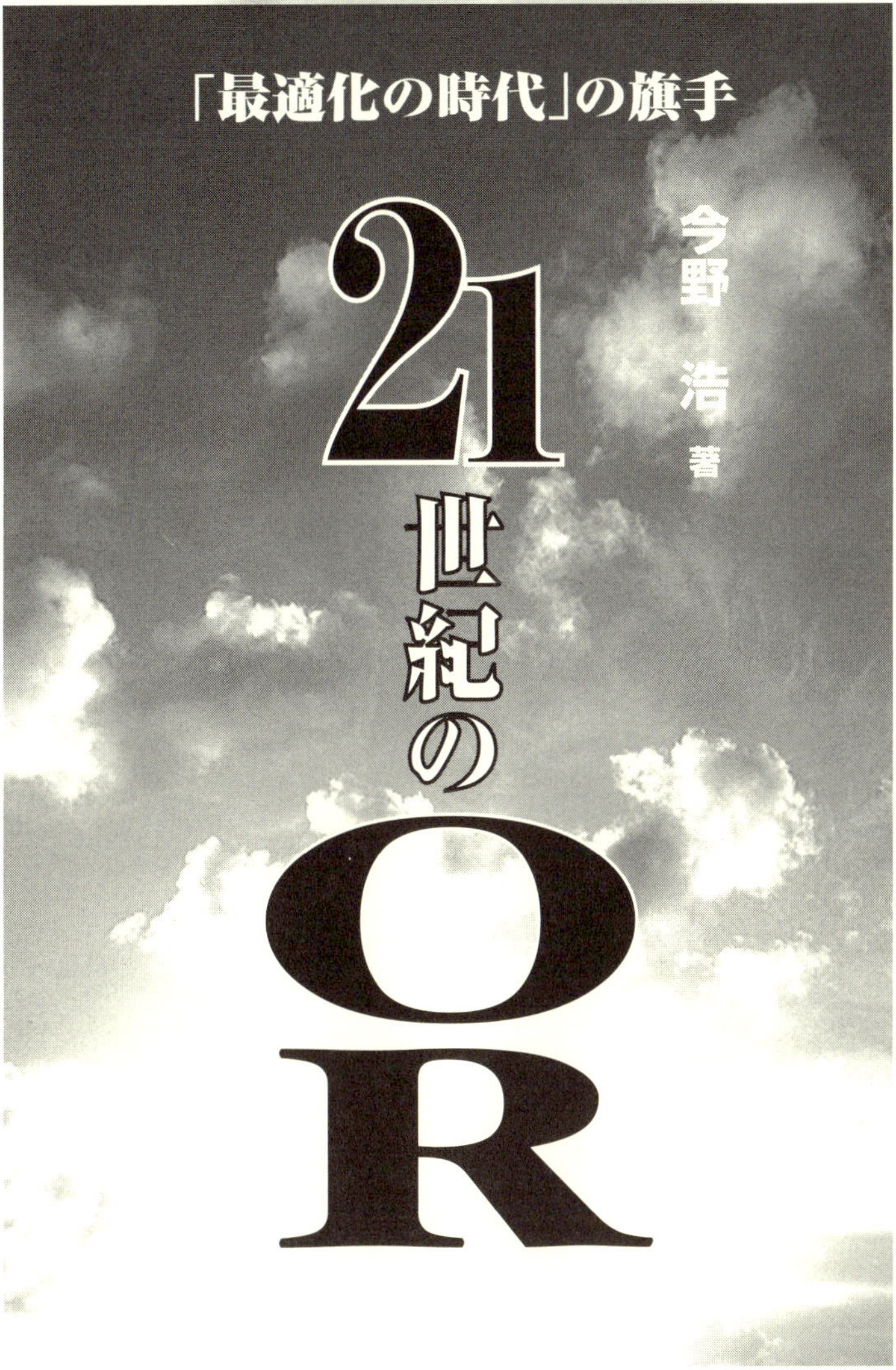

日科技連

はじめに

この本は、第二次世界大戦後に急発展した「オペレーションズ・リサーチ（OR）」が、1970年代以来の長い曲がり角を通過したあと、21世紀を拓く「サービス科学の旗手」として復活を遂げるまでの物語を、筆者の個人的体験をベースに綴ったものである。

何年（何十年）ぶりかで顔を合わせた知り合いの中には、筆者がいまもORを研究していると聞いて、「まだやってるの？」と怪訝な表情を見せる人がいる。それは1950年代、1960年代に華々しい成果を生み出した反動で、1970年代には「ORは死んだ」という風評が流されたためだろう。

線形計画法、非線形計画法、整数計画法、ネットワーク・フロー理論、動的計画法、待ち行列理論、在庫管理理論、信頼性理論など、美しい理論がたくさん用意されたが、計算上の制約から実用的問題に十分対応できなかったため、実務家サイドから「難しくて役に立たないOR」というレッテルを貼られたのはこの頃である。

そしてこれに追い討ちをかけたのが、悪魔の贈り物「NP完全理論」である。1970年代はじめに生み出されたこの理論は、〝巡回セールスマン問題や整数計画問題などはどう頑張ってもうまく解けないだろう〟と予言し、研究者たちを絶望の淵に追い込んだ。

このように1970年代のORは大きな危機を迎えていた。しかしその間も、ORの未来を信じる何千人もの研究者たちが、難しい問題群を解くために力を注いでいた。そして大方の予想を覆してその努力は実り、1990年代以降急速に整備された計算環境とデータ・ベースによって、ORは「最適化の時代」の担い手として復活を遂げたのである。

この本は、このような40年を通り抜けてきた研究者が、〝美しい理論は必ず役に立つ〟という確信を手にするまでのプロセスを紹介したものである。

この本のもとになったのは、筆者が日本OR学会の機関誌『オペレーションズ・リサーチ』に約2年間にわたって連載した「OR40年」というタイトルのエッセイである。連載中には多くの方から激励をいただいたが、2007年6月に日本OR学会が創立50周年を迎えたのを機会に、日科技連出版社の御厚意で単行本として出版させていただくことになった。

本書の作成に御協力をいただいた、杉野隆、中森眞理雄両氏と日本科学技術連盟理事長の浜中順一氏、そして日科技連出版社の戸羽節文氏に厚く御礼申し上げる次第である。

2007年8月吉日

中央大学教授　今野　浩

目　次

第一章
時代の寵児――1960年代のOR

ORとの出会い

科学技術振興が国策となり、理工系大学の拡充がはじまったのは、スプートニク・ショックから2年後の1958年のことである。それまで定員が400人だった東京大学理科一類は、この年に50人を増募し、翌年にはその枠がさらに拡大されることになっていた。

都立日比谷高校の進学担当者は、「数学アレルギーでない限り、(英語や歴史が好きでも)すべからく理科を志望すべし」、という指導方針を打ち出した。数学が嫌いでなかった若者たちは、この作戦に乗った。

入学試験には合格したものの、はっきりした目標がなかった青年は、あっという間に落ちこぼれとなった。最初の1ヵ月を浮かれて過ごしているうちに、数学も物理もどんどん先に進んでいた。高等学校で少しかじっていた微分積分学はともかく、はじめて学んだ線形代数学は、高校の数学と大学の数学の違いをいやというほど教えてくれた。行列演算、階数、偶置換、奇置換。一体これは何なのか。次々と出てくる抽象的な概念に狼狽した私は、これらを何の苦もなく吸収していく秀才たちの間で自信喪失していた。

1学期末の数学、物理の成績は目を覆うばかりだった。世に言うカフカ(可、不可)全集である。このため私は、物理学科や数学科は早々と諦めざるを得なくなった。しかし、だからといってどこに行けばよいのだろう。実験の多い機械系や化学系は辛そうだし、体力のいる土木や美的センスが必要な建築は勤まらない。そして全く素質のない電気工学も、はじめから対象になり得なかった。結局残ったのは、学生の間で「その他いろいろ工学科」と呼ばれている応用物理学科だった。

当時この学科は、他の学科がカバーしきれないさまざまな新領域を一手に引き受けていた。これだけ間口が広ければ、何か一つくらいは自分に向いているものがあるだろう——。こう考えた私は、応用物理学科の森口繁一教授の進学ガイダンスを聞くことにした。

40歳を超えたばかりの森口教授は、このころ統計学からオペレーションズ・リサーチ(OR)

に進出し、この分野の第一人者と呼ばれていた。先生の見事なプレゼンテーションを聞いた私は、数学的手法を用いて企業経営や社会的な問題を解決する学問「ＯＲ」こそ、自分が取り組むべき研究テーマであると直感した。

しかし、ＯＲを扱っている数理工学コースの定員はわずか8人である。前年の合格最低点は82点を上廻っていた。５５０人中の上から50番でやっとという難関である。第1回目の希望調査の集計結果も、最低点は80点を超えていた。カフカ全集の重石をひきずる私には、とても手の届かない点数である。

第2回目の志望調査では、さらに点数が上がっていた。しかし最後までこのコースを志望し続けた私は、このギャンブルに勝った。３学期間の平均点は、ついに80点に届かなかったが、リスク回避的な高成績者が席を譲ってくれたおかげである。

私はいまでも、このギャンブルに勝った自分の幸運に感謝している。もしこのとき数理工学コースに入ることができなければ、無事に「工学士」になれたとは思えないからである。わが国のベスト・アンド・ブライテストをかき集めた工学部の一員となり、森口教授のもとでＯＲの手ほどきを受けたことは、私の一生で最も重要な出来事だったのである。

１９５０年代から１９６０年代はじめにかけてのＯＲは、百花繚乱をきわめていた。線形計画法、2次計画法、非線形計画法、動的計画法、ネットワーク・フロー理論、ゲーム理論、ポートフォリオ理論などは、すべてこの時代に生まれ発展した。

3年生のときに受講した森口先生の「数理工学第2」という講義は、ORのエッセンスを要領よく解説したものだった。細かい数式には入りこまず、その本質的な部分をわりやすく説明する講義を聞いて、ますますこの分野に魅了された私は、「ゲーム理論」を卒業研究のテーマに選択した。数理に強い友人たちとまともに競争しても勝てる見込みはないので、最も文系に近いテーマを選んだのである。もう一つ興味をもったテーマはポートフォリオ理論だが、当時の私には2次計画法は難し過ぎた。

これに比べると、ゲーム理論は、入口(だけ)はきわめてわかりやすい学問である。実際、J. McKinsey の入門書、『Introduction to the Theory of Games』はあまり苦労せずに読めたので、von Neumann=Morgenstern の記念碑的大著、『Theory of Games and Economic Behavior』に手を出してみた。しかし、入門書と専門書の違いはあまりにも大きかった。このため、最初の部分に書かれた『効用関数存在定理』を読み終えたところで、早々と諦めることにした。しかし、この大定理を理解した(つもりになった)ことは、以後の私にとって大きな資産となった。

次に取り組んだのが、Luce=Raiffa の『Games and Decisions : Introduction and Critical Survey』である。しかしこの本を読み進むにつれて、私はゲーム理論に懐疑的になっていった。この理論は、現実問題の解決には役立たないのではないか、と思いはじめたのである。

「エンジニアは、すべからく世の中の役に立つことをめざすべし」。これが工学部の大原則である。役に立ちそうもないテーマに取り組んでしまった私は、卒論の締切日を前に悩み焦った。そして、どうでもよいことをいろいろ書き並べたあと、締め括りに書いたのは、「ゲーム理論が工学的問題の解決に役立つ可能性は小さい」、というセンテンスだった。

これを見て森口教授は呵々と笑われた。伊理助教授は、「エンジニアたる者はもっと前向きに考えるべきではないか」、と苦言を呈された。しかも私はいまでもこの結論は間違っていなかったと考えている。ゲーム理論は経済現象の定性的分析には有効でも、工学的立場から見れば、現実問題の解決に役立ったとは思われないからである(ゲーム理論の専門家の皆さん御免なさい)。

その後も私は何回かゲーム理論と交差する機会があった。H. Scarf らによる、「協力ゲームのコアの理論」を勉強したときは、その美しさに感動したが、このときも、また１９８０年代半ばに M. Shubik の大著を輪読したときも、ゲーム理論が現実問題に対して具体的な解答を与えることができるケースはあまり多くない、ということを再確認する結果となった。しかし、この10年で計算技術が著しく進歩したので、やっとゲーム理論が「工学的」に役に立つ時代がやってきたようである(ゲーム理論の皆さん頑張ってください)。

修士課程で森口研究室にすべりこんだ私は、理科一類ひとけた組の大秀才、伏見正則氏と机を並べることになった。この人の頭のよさと人柄のよさは学部中に轟いており、そのおかげでわれわれの評価も1ランク上がったくらいである。

当時の大学院は学部のつけ足し的存在だったため、まともな講義はほとんど行われず、輪講とセミナーばかりだった。最初の年に輪講したのは、W. Feller の『An Introduction to Probability Theory and Its Applications』の第1巻と、E. Parzen の『Stochastic Processes』だったが、どちらもまことにすばらしい教科書だった。

2年目は、がらりと変わって、P. Henrici の『Discrete Variable Methods in Ordinary Differential Equations』である。森口先生は、この頃すでにORから数値解析にウェートを移しており、この本に盛られたアイディアをもとに、伊理先生と共に次々と独創的な研究成果を生み出していた。ORの理論研究は花盛りだったが、この時代の計算機はスピードが遅く、現実問題への応用は限られていた。このため、スーパー・エンジニアである先生は、より役に立つ研究にシフトされたのだろう。

この結果、他の学生と同様、私も偏微分方程式の数値解法を研究テーマに選んだ。このときのバイブルは、最近新版が出た R. S. Varga の『Matrix Iterative Analysis』だった。この本の冒頭に出てくる、非負行列に関するペロン=フロベニウスの理論を、何度も噛みしめるように読んだことが、ついこの間のことのように思い出される。

修士時代に最も苦労したのは、統計学輪講である。工学部と経済学部、そして医学部が合同で実施していたもので、森口研究室の学生は全員がこれを履修するきまりになっていた。ここに参加していた教授陣は、森口繁一、朝香鐵一、伊理正夫(以上工学部)、宮沢光一、鈴木雪夫、竹内啓(経済学部)、増山元三郎(医学部)という、当時のわが国の最強メンバーである。そのうえ、東京近郊の大学からも何人かの研究者が顔を出していた。

このセミナーは、緊迫したセッションの連続だった。特に、経済学部の先生たちが学生をしごくさまは、長い間、消し難いトラウマとなった。先生たちは学生の理解が十分でないと判断するや否や、直ちに鋭い質問をあびせてくる。そして、これらの質問に答えられないときは、厳しい叱責が待っている。

これに比べると、工学部の先生はずっとマイルドだった。学生たちの発表に耳を傾けたあと、問題の本質に迫る質問を発し、これにうまく答えると、「そういうことなのか。これで一つ賢くなった。どうも有難う」、といってねぎらってくださった。工学部の学生たちの多くは、経済学部の先生たちが関心のない実務的論文を選ぶことで、辛うじて過酷な質問責めを回避したのである。「工学部は生ぬるい」と経済学者は思っていただろうが、その後の実績を見れば、人々は生ぬるい工学部に軍配を上げるだろう。

やさしい論文を選んで発表は何とかこなしたものの、私ははじめの数回のセッションで、統計学から完全にロック・アウトされた。統計学もしくはそれに近い分野を専攻すると、こういう凄い人たちからやられ続けるに違いない。そうならないためには、統計学から逃げまくるしかない——。こうして修士課程の2年間、統計から遠い数値解析に逃げ込んだのであるが、その数年後にまた統計学で苦労することになるとは、全く考えもしなかったのである。

当時の森口研究室は、業界では「森口帝国」と呼ばれるほどの隆盛を誇っていた。その当主である森口繁一教授は、全国から折紙つきの秀才が集まる航空工学科の出身で、東京大学工学部30年ぶりの秀才と謳われた人である。戦後、進駐軍によって航空工学科が廃止されてからは、応用力学と統計学に転じ、次いでOR、数値解析、計算機科学の分野でもトップを走った。10年ごとに専門を変えては、たちまちスターとなる先生は、学生たちの憧れの的だった。

そして1962年にこの講座の助教授として九州大学から戻ってきたのが、森口先生以来の秀才とよばれた伊理正夫先生である。この時代、この超秀才とまともに対抗できる人は、東京大学全体を見渡しても、経済学部の竹内啓先生だけだというのがもっぱらの評判だった。われわれは、森口教授がアイディアを出すと、伊理助教授がそれをもとに一晩で凄い結果を導き出す現場に何度も立会った。

これだけでも学生を萎縮させるに十分なところにもってきて、森口教授の助手をつとめる吉澤正氏は、これまた何でもよく知っている凄い人だった。そして学生たちも、ドクター・コースの五十嵐滋氏以下、理科一類ひとけた組がゴロゴロしていた。修士課程の2年間、逆立ちしてもかなうはずがない人々に取り囲まれ、私はますます自信を失っていた。

この時代、森口帝国の難民は、国境を越えて東京工業大学で開かれるSSOR(Summer Seminar on OR)勉強会にも顔を出していた。以後、長きにわたって面倒を見ていただいくことになる森村英典先生にはじめてお目にかかったのはこの頃である。

この勉強会で私は、慶応大学の柳井浩、真鍋龍太郎、若山邦紘氏らとともに、Ford=Fulkersonの名著、『Flows in Network』を輪読したが、カッコイイ慶応ボーイたちの絶妙のプレゼンテーションには、いつも唸らされたものである。統計学から逃げ出してはみたものの、ORもまた多士済々、競争しても勝ち目のない秀才たちが集まっていた。

運のよい研究員

低空飛行で修士課程を卒業した私は、1965年に電力中央研究所に就職した。この研究所は、1953年に電力事業に資する研究を行うことを目的として設立された組織で、戦後の電力事業編成の最大の功労者である、〝電力の鬼〟こと松永安左衛門翁が理事長をつとめていた。

当時この研究所では、「いずれ何らかの形で電力事業に資する可能性がある」と書けば、どのようなテーマでも正式な課題として認められていた。事実、ここに勤めていた森口研究室OBの小野勝章氏や中川友康氏らは、電力事業に直結しているとは思われない、線形計画法や数値解析の研究をやっていた。

勤務先が大学に近かったこともあって、両先輩はしばしば大学に顔を出していたが、その話を聞くと、この研究所は、本郷の森口研究室が大手町に移転したようなところだった。自由な研究ができる民間研究所は、世界広しといえども、「AT&Tベル研究所」と「IBMワトソン研究所」くらいしかないと聞いていた私は、この研究所に強く惹かれた。

そうこうするうちに、小野先輩を通じて、数値計算のアルバイト口が舞い込んだ。土木研究部門の畑野正博士が、ダムの振動にかかわる計算をやってくれる学生を探しているというのである。

楕円型偏微分方程式の境界値問題を有限差分法で解くこのアルバイトは、お金だけでなく二つの大きなボーナスを運んできた。その一つは、予想していた以上によい計算結果が得られたため、これを畑野博士との共同論文として公表することになったことである。この論文は、1965年に山内二郎・森口繁一・一松信先生の編集で出版された論文集『数値計算法Ⅱ』（培風館）に収録され、私の最初の研究業績となった。二つ目はこの仕事がきっかけで、電力中央研究所への就職の道が開かれたことである。

こうして入れてもらった電力中央研究所だったが、その環境は予想していたものとはかなり違っていた。配属先が、希望していた計算機部門ではなく、原子力発電研究室だったからである。

この研究室にはわが国の原子力界の重鎮として知られる、高橋実、三木良平という2人の大物上司がいた。原子力界に広く名を知られたこの2人は、それぞれ別に店を構えていたが、そこに私が2人共通のアシスタントとして入ったというわけである。

旧制三校時代に森口教授と首席を争ったという高橋氏は、次々とアイディアを噴出する凄い人だった。毎週、「こんな問題があるが解いてみないか」と話をもちかけるが、その内容は、「東京湾でタンカーが転覆して油に火がついたとき、海上でどのように燃え広がるか」だとか、「原子炉の上にヘリコプターが墜落したとき、原子炉が暴走する確率はどれくらいか」といった、どこから手をつければよいかわからないような難問だった。3年近くにわたって、私はいろいろな問題を与えられたが、ろくに答えられたものは一つもない。

一方の三木氏は、高橋氏とは対極にある手堅い研究者だった。ところがこの人は、何を思ったか、原子力について何の知識もない私を、原子力学会の「高速増殖炉専門委員会」の書記に据えるのである。

ここで一緒になった同世代の近藤駿介、斉藤新三氏は、数理工学コースの秀才たちに勝るとも劣らない逸材だった。事実この2人は、後にわが国の原子力界の頂点に位置する「原子力委員会」委員長、「原子力研究所」理事長の要職に就いている。ちなみに私が応用物理学科に進学した当時、工学部で最も人気があったのが、新設された原子力工学科と電子工学科である。

自ら燃料を生み出しながら発電する、という増殖炉のコンセプトはきわめて魅力的だった。しかし、その内容を知るにつれて、私はこれが安全なエネルギー源になりうるのだろうかといという疑問をもつことになった。何しろ、６００℃の高温ナトリウム流体が配管の中を走りまわるというのである。

原子力の専門家は、高温ナトリウム流を制御するのは難しいことではないと断言していた。しかし専門家でない私は、このような危ないものに取り囲まれた増殖炉に不安を感じた。このため本気で原子力を勉強する気になれず、その場その場を取りつくろう生活を続けていた。

この一方で、時間に余裕があった私は、同じ大手町ビルの中にある三菱原子力の上村義明、前田英次郎、藤井浩氏らとＯＲや数値解析のゼミを続けていた。この時代に読みかじった本の中には、P. Samuelson の『Foundations of Economics Analysis』、J. Wilkinson の『Algebraic Eigenvalue Problems』などがある。

また年に何回か、小野先輩の代理として、経営工学会という団体が主催する、「数理計画研究会」に出席する機会があった。この研究会では、竹内啓、渡辺浩、関根智明先生をはじめとするスターたちが、米国の専門誌に載った論文を材料に、カンカンガクガクやっていた。

私はその議論を全く理解できなかったが、集まったメンバーからして、かなりレベルの高い研究会だったはずである。もし誰かが、ここで得られた結果を英文論文として発表していれば、わが国のＯＲ（数理計画法）は、より早い時期に国際的地位を確立できたのではないだろうか。

電力中央研究所に入ってからの3年間、私は原子力を勉強するでもなく、かといって数理計画法やORを研究するのでもなく、怠惰な学生さながらの生活をしていた。論文も書かずに給料をもらっていることに、多少の申し訳なさは感じたが、ほかの研究員もほとんど論文を書かないのをよいことに、特別の目標もないまま密度の低い勉強を続けていた。

ところが3年ほどして、思いがけない幸運が訪れる。海外留学制度が新設されたのである。順番からいえば、私より先に行くべき人は何人もいた。ところが、最初に選ばれた2人のうちの1人が、長考の末ドタン場で辞退してしまったのである。この結果、突然私が指名された。1968年1月末のことである。

もとより私には、何の準備もなかった。大急ぎで虎ノ門の日米センターで書類を調べ、MIT(スローン・スクール)、カリフォルニア大学バークレー校(IE&OR学科)、スタンフォード大学(OR学科)の御三家と、UCLA(数学科)の4ヵ所から願書を取り寄せた。本命はもちろんMITである。なぜなら有力な先輩たちの留学先は、MITかAT&Tベル研究所と決まっていたからである。締切日は目前に迫っていた。ギリギリでGREとTOEFLを受験し、願書を発送したのは3月はじめだった。

ここで苦労したのが推薦状である。どの大学も、3人の有力な先生の推薦状を要求していたからである。1人目はもちろん森口先生に、2人目は東京工業大学の森村英典先生にお願いして承諾をいただいたが、問題は3人目である。散々悩んだ末、学術会議議長、前東京大学学長の茅誠司先生に頼んでみることにした。

多少の面識はあったが、考えてみれば誠に図々しいお願いだった。電話口に出た先生からは、「忙しいので推薦状を書いている暇はないが、自分で作ってくれれば、サインして出しておいてあげよう」、という返事が返ってきた。

そこで私は、思い切り自分を宣伝する手紙を書き、銀座の事務所に持参した。すると先生は、「なかなかよく書けてるじゃないか」、と言ってその場でサインして、秘書に投函するよう指示してくださった。さすがは大物。何という鷹揚さだろうか(最近私も、推薦状を依頼されたときには、この手を使うことがふえた)。

ところが、MITとバークレーからは、すでに募集を締め切ったという返事が戻ってきた。一方スタンフォード大学からは、「今年は満杯だが、来年でよければ受け入れ可能」、という手紙が届く。しかし、1年先では留学の権利が失われてしまう。こうして私は、ただ一つ合格通知が届いたUCLAの数学科に留学することに決めた。

ところが6月末になって、スタンフォード大学から「定員に空きができたので入学を許可する」、という知らせが届いた。格付けでいえば、スタンフォードとUCLAの間には2段階の差があるうえに、こちらは数学科ではなくOR学科である。私はその日のうちに、UCLAに断りの手紙を出していた。

あとで聞いたところでは、ベトナム戦争のさなか、徴兵されベトナム送りとなる2人の学生がこれを拒否してカナダに脱走したため、急に空いた定員を、学科主任のジェラルド・リーバーマン(G. Lieberman)教授が、コロンビア大学時代の友人である森口教授が推薦する私に割り当ててくれたということである。結局私は、森口先生の推薦状とベトナム戦争のおかげで、スタンフォード大学に入れて貰うことができたという次第である。

1968年の9月はじめ、私は羽田からサンフランシスコに向けて旅立った。スタンフォード大学は、西部の鉄道王として知られる大富豪リーランド・スタンフォードが、夭折した息子のために私財を投じて1892年に設立した大学である。

開学当時のカリフォルニアは、西部開拓の名残りを止める辺境の地だった。このためこの大学は、第二次世界大戦が終るまでは、鉄道王が庶民から搾取した金で作った〝田舎のブルジョア大学〟として、東部のアイビー・リーグ大学よりずっと格下に位置づけられていた。

しかし1960年代に入ると、カリフォルニアの地位は次第に上昇をはじめる。気候のよさと宿敵ソ連から遠く離れているのが理由で、軍需産業が次々と東部からカリフォルニアに本拠を移しはじめたからである。そして1960年代半ばには、カリフォルニアは米国の中で最も将来性のある地域と考えられるようになっていた。

このような状況の中で、スタンフォード大学は1100万坪という広大な敷地と豊富な資金力を武器に、全国の大学から有力教授を引き抜き、急上昇過程に入る。1970年代に入ると、マウンテンビュー、サンノゼなどの周辺都市が、シリコンバレーの名のもとに大発展するのであるが、その前夜にあたる1960年代末のスタンフォードは、大発展に向けての助走をはじめた段階にあった。

留学先であるOR学科は、3年前の1965年に発足したばかりの若い学科だった。しかし、ハーバード大学から移った一般不可能性定理のケネス・アロー(Kenneth Arrow)、カリフォルニア大学バークレー校から移った線形計画法のジョージ・ダンツィク(George Dantzig)、スイス連邦工科大学から移ったルドルフ・カルマン(Rudolf Kalman)の三大看板教授を擁し、すでにこの分野では全米一と呼ばれていた。

教授陣はこのほか、信頼性理論のリーバーマン、在庫理論と動的計画法のA. Veinott, Jr.、

D. Iglehart、経済モデルのA. Manne、待ち行列のF. Hillier、非線形計画法のR. Cottleの9名。そして客員として、ゲーム理論のロイド・シャプレー(L. Shapley)、ネットワーク・フロー理論のレイ・ファルカーソン(R. Fulkerson)という大物たちが参加していた。

また隣のEES(Engineering Economic Systems)学科には、マルコフ決定過程のロナルド・ハワード(R. Howard)、制御理論のデビッド・ルーエンバーガー(D. Luenberger)、化学工学科には非線形最適化のD. Wilde、ビジネス・スクールにはゲーム理論のR. Wilson、ポートフォリオ理論のウィリアム・シャープ(W. Sharpe)、数学科には確率モデルのサミュエル・カーリン(S. Karlin)など、ORや意思決定理論におけるスーパースターたちが集まっていた。そしてこれらの人々の多くは、OR学科の教授も兼務していたのである。

入学手続きを済ませた私は直ちにダンツィク先生のオフィスを訪れた。ところが、世界一の学科だというのに、アローを除く8人の教授たちがキャンパスの一角にある小さな民家に住んでいるのである。外から見た感じは、映画「若草物語」で4人姉妹が住んでいた家のような建物で、ダンツィク教授のオフィスは6畳間程度の手狭なものだった。

ダンツィク教授は当時56歳の円熟期にあった。オフィスに招き入れられた私は、直ちに博士論文の指導をお願いした。すると先生は、博士号をとるには、まずコースワークを履修し平均

Aマイナス以上の成績をとったうえで博士資格試験を受け、これに合格してはじめて博士論文を書く資格ができるというルールを説明してくださった。つまり、2年では絶対に博士号はとれないというわけである。

予想もしない事態に動揺した私に対して、教授は、「日本からの最初の学生である君には、全員が注目している。私もできる限り力になるから、ともかくあまり焦らず頑張ることだ」と言って、チョビヒゲを押えてニッコリと笑われた。

米国式詰め込み教育

スタンフォード大学の1学年は、秋、冬、春の3学期と、夏のサマー・スクールからなっている。1学期は、10週間の講義と1週間の試験の合計11週間。各科目は50分講義が週3回（ないしは75分が2回）である。

50分授業と聞くと、小学校のように聞こえるかもしれないが、ここでは週3回の50分授業が時間どおりにはじまって、時間どおりに終わるのである。私は米国仕込みの経済学者のように、何でも米国流がすぐれていると主張するつもりはない。しかし、こと大学院教育に関しては、米国の一流大学は日本のそれに比べて圧倒的にすぐれている。

まず第一は、週3回の50分授業は、週1回の90分授業に比べて、知識の吸収率が格段に高いということである。50分の講義を1日おきに3回ずつ10週間にわたって繰り返すのと、90分授業を毎週1回15回繰り返すのとでは、教育効果に2倍近い開きが出る。

これをさらに効果的にしているのは、アカデミック・カレンダーが世間一般のカレンダーから独立していて、たとえ祭日でもほとんど休みにならないことである。この結果、学生はペースを乱されることなく、月水金、月水金(もしくは火木、火木)と講義を受けることができるのである。夏休みに3ヵ月たっぷり休めるので、学期中は徹底的に勉強しろというシステムである。

第二は、どの教官が担当しても差が出ないように、講義の内容と品質がきちんと管理されていることである。ここで重要な役割を果たすのが、よく工夫された標準的教科書の存在である。ORであれば、Hillier=Liebermanの『Introduction to Operations Research』、確率過程論でいえばKarlin=Taylorの『A First Course in Stochastic Processes』などがそれである。

わが国では、数学や物理などの基礎科目を除くと、講義内容は担当教官の自由裁量に任される部分が多く、たとえ線形計画法を履修してきたからといって、双対定理を知っているとは限らないのと比べて、大きな違いである。

第三が、そして日米が最も違っているのが、宿題によるハード・トレーニングである。戦後新制大学が設立されたとき、米国にならってわが国でも、講義1時間につき3時間分の宿題を出すという原則が設定された。しかしこのシステムは、日本には定着しなかった。宿題を採点するためのティーチング・アシスタント制度がなかったためである。

ところが米国の大学では、建前どおり1時間の講義に対して3時間分の宿題が出るのである。あれから30年以上経ったいまでも、このシステムは維持されている。そして講義内容が日々新しくなっているのに対して、制度そのものは全く変化がないのである。少しずつ制度を変更している日本と比べると、その頑健性は驚くべきものである。

学生たちは互いにライバルなので、原則として自分1人でこれらの問題を解かなくてはならない。たとえば、ルーエンバーガーの金融工学の教科書、『Investment Science』には、各章の末尾に20題ほどの問題が掲載されているが、1年間（3単位×3学期）の75時間の講義と、230時間分の宿題で、学生たちはこれらの問題をあらかた解かされるのである。問題を解くということに関しては、日米間に10倍近い差がある。

この大学では、原則として1学期に15単位以上履修してはいけないというルールがあった。

これを知って、私は当初かなりの違和感を覚えた。15単位なら、月水金に50分授業を三つと、火木に75分講義を二つとれば、あとはスケジュールがブランクになってしまうからである。

当時の東京大学工学部では、朝8時から午後3時まで100分授業が3コマ、そして3時以降は1日おきに6時か7時まで実験が続き、土曜も昼までは講義というのが当たり前だった。したがって、15単位なら全く楽勝だと思われたからである。そこで私は、第1学期に7科目を履修する計画を立てた。

しかし講義がはじまってみると、平均Aマイナス以上の成績をおさめるには、5科目15単位が事実上の限界であることが明らかとなった。21単位履修して米国人なみの成績を上げるには、ウィークデーは約8時間、土日にはそれぞれ15時間ずつ宿題解きをしなくてはならないのである。

インターネットのない時代、米国留学は完全な〝大陸流し〟だった。手紙は往復で2週間近くかかったし、国際電話をかければ3分で給料の1割以上をとられた時代である。

規定により家族を残して単身赴任した私は、たちまちノイローゼになった。その原因は1ダース以上あった。おきまりのカルチャーショック、世界から選りすぐりの天才・秀才の群れ、核シェルターの扉に記されたドクロ、ベトナム戦争反対のキャンパス暴動、そして志願もしていないのに海兵隊から届いた入隊（ベトナム派兵）通知などなど。しかし何といっても最大のストレスは半年後の資格試験だった。

このままでは精神的にもたないと考えた私は、研究所には内緒で家族を呼び寄せた。ところが、よりにもよってこの飛行機がサンフランシスコ湾に墜落。奇跡的に家族は無事だったが、この事故で私のノイローゼは極限に達した。そしてこの異常な精神状態に後押しされて、私は受験勉強時代にも達成できなかった、1日15時間の猛勉強に明け暮れることになるのである。

大量の宿題について、「（優秀な）学生は放っておいても勉強するので、その才能を伸ばすためには自由にさせておいた方がよい」、という説もある。しかし、そんな学生は100人に1人ではないだろうか。また自由に勉強していると、思いがけないところに穴があって、大切な事実を知らないという可能性もある。

若い頃の私は、自由放任説にも一理あると考え、積極的に反論することを控えていた。しかし老教授の仲間に入った現在、ここでの〝積め込み〟教育が、その後の私にとってきわめて大きな財産となったということを、後輩たちに向けて発信すべきだと考えるようになった。

オリジナルな仕事をするためには、その分野で知られている重要な結果を、〝わかった感覚〟で理解しておくことが不可欠である。そして、このわかった感覚を身につけるには、厳選された多数の演習問題を完璧に、しかも独力で解くこと以上の方法はないのである。

ここで私は何人もの凄い人たちと友人になった。その1人は後にファイナンス理論でノーベル賞候補に挙げられるマイケル・ハリソン(Michael Harrison)である。凄い人はこれ以外にもたくさんいた。シラキューズ大学数学科出身のトーマス・マグナンティ(Thomas Magnanti)、MITの航空工学科出身のスタンリー・プリスカ(Stanley Pliska)、どこの出身かは聞きもらしたが、Martin Puterman と Michael Crane。これらの人々は、いずれも後に一家を成す逸材だった。

次は地獄の「博士資格試験」である。この試験は、2年目の冬学期が終わった3月に受験することになっていた。試験がカバーする範囲は、コア・カリキュラムに相当する8科目、すなわち数理計画法関係の「線形計画法」、「非線形計画法」、「ネットワーク・フロー」、「大規模システム」の4科目と、確率モデル関係の4科目、すなわち「待ち行列」、「信頼性理論」、「マルコフ決定理論」、「在庫理論」をカバーする、2日間にわたる5時間ずつの筆記試験である。

できることなら、2年で Ph. D. をとりたいと考えていた私は、この試験を1年目の3月に受ける計画を立てた。試験に合格すれば、コースワークをとらなくても、博士論文が書けるからである。しかしこの試験で、一定の成績以下で不合格になると退学勧告が出る。この前年には、15人中7人が退学になっている。世界から選り抜きの学生を集めておいて、その半数が退学というのは、いかにも苛酷な話である。

私は過去数年分の試験問題を検討した結果、1年目に受けても合格する可能性は少ないと判断した。ギャンブルして退学になるよりは、もう1年勉強して確実に資格試験をパスし、「博士候補生」となって、日本に帰ってから論文を書くという手もある。この資格の有効期間は5年だから、米国にいるうちに適当なテーマが見つかれば、何とかなるだろう――。

1年目の受験を見送ったのは正解だった。この年は問題が難しかったのと、傑出した学生とそれ以外の学生との差が大きかったため、12人中5人しか合格しなかったからである。この惨憺たる結果は、学生全員に大きなショックを与えた。

こうして私は、次の1年間も最初の1年を上廻る勉強に明け暮れた。特に、得意でない統計学や確率過程論の教科書をスミからスミまで勉強した。しかしこのときの私は、（やっと逃げ出した）統計学と至近距離にある、確率モデルの専門家になるわけではないと考えていたため、野口悠紀雄氏が推奨するところの「超」勉強に徹していた。しかし「超」勉強ではその場しのぎはできても、〝わかった感覚〟は身につかない。このためその知識は、試験が終わるとあっという間に雲散霧消してしまった。

もしこのとき、将来（ORの応用としての）金融工学をやることがわかっていれば、全体の7割以上を費やしたあの猛勉強によって、確率モデルに関する〝わかった感覚〟を身につけることができたかもしれない。

東京工業大学の学長を務めた田中郁三氏は、かつて「世の中は、自分がやらないで済ませようとしたことをやらざるを得ない方向に動くものだ」と述懐されていたが、世の中とはそうしたものなのだろう。

話をもとに戻そう。1970年の3月、私はその後の人生を決めることになる勝負の場に臨んだ。初日は数理計画法関係なので、何とかなると考えていた。しかし四つの問題は、どれもどこから手をつければよいかわからないような難問だった。不得意分野にばかり時間をかけて、得意分野がおろそかになっていたことに臍《ほぞ》を噛む思いだった。

しかし、どうしてもパスしなくてはならないと必死で考えているうちに、思いがけない馬鹿力がわき出した。そして1～2時間格闘しているうちに、次第に問題の輪郭が明らかとなり、4問中3問が解けたのである。4問目の半分を解いたところで時間切れとなったが、全く悔いは残らなかった。

2日目の確率モデルの試験は、勉強の甲斐あって、予想より簡単で拍子抜けした。4問中2

問が解けて、3問目も見通しがついたところで、私は合格の感触をつかんでいた。

翌日リーバーマン教授から、上から3番目で合格したこと、そして同級生の15人中10人が合格したことを知らされた。前年の合格率の低さが学内で問題となり、少々基準を緩めた結果である。

しかし試験は水物である。フランスの超エリート校であるエコール・ポリテクニクをダントツの一番で卒業した青年が、この試験に落ちてしまったのである。試験前日に風邪で熱を出したのが原因である。

生まれてはじめて挫折を経験したこの青年は、その才能を惜しんだ学科主任が翌年の再受験を薦めたにもかかわらず、兵役に就くためフランスに戻って行った。風邪さえひかなければ、フランスを代表する研究者になったはずのこの人物は、こうしてわれわれの視界から消えたのである。

ダンツィク教授の弟子

資格試験に合格して博士候補生となった私は、すぐさまダンツィク教授のオフィスに飛んで行った。

ダンツィク教授は、1947年に線形計画問題の解法である単体法を発表して以来、20年以上にわたってこの分野の先頭に立ってきた大先生である。若いときは単体法の一番乗りをめぐって、ライバルのアブラハム・チャーンズ(A. Charnes)教授らとの間で激しい争いがあったということであるが、とうの昔に決着がついていた。

プリンストン大学のアルバート・タッカー(Albert Tucker)教授門下の数学者グループと、ダンツィク教授率いるアルゴリズムの専門家たちががっちりと手を組み、1950年代から1960年代の発展を支えていた。

そして、1970年代はじめにタッカー教授が現役を引退すると、ダンツィク教授が天下を統一し、「数理計画法の父」とよばれるようになった。かつて応用数学の世界でジョニーといえばジョン・フォン・ノイマンを指したがごとく、ORの世界でジョージといえばダンツィクを指すというくらいの地位と名声を獲得するのである。

しかし、いまになって考えると、この頃のダンツィク教授の活動にはやや陰りが見られるようになっていた。なぜなら線形計画法という豊穣な油田は、20年間の採掘によって油が枯れかけていたからである。「ダンツィク教授は線形計画法の外に出ようとしない。もう先が見えている」、という厳しい言葉を口にする学生もいた。

しかし私は、ダンツィク教授以外の指導を受ける気にならなかった。あと6ヵ月で留学期間は終わる。それまでに博士論文を仕上げることは不可能である。ここでよいテーマを見つけて、あとは日本に帰ってからの勝負になるだろう。そのためには、人柄のよい信頼できる先生を選ばなくてはならない。優秀な研究者は、ダンツィク先生以外にもいたが、長期契約を結ぶとしたらこの人しかいないと考えたのである。

資格試験を上位の成績でパスした私を、先生は喜んで受け入れてくださった。そしてこの日から私は、文字どおり先生の弟子になった。兄弟子たちの中で傑出していたイラン・アドラー(Ilan Adler)は、抽象凸多面集合の研究に取り組み、線形計画法の分野で残された最大の難問である「ハーシュの予想」の解決をめざして先生と緊密な関係のもとでがんばっていた。

もう1人の秀才トム・マグナンティ(この人は40歳代の若さで米国OR学会の会長になった)は、新しく出現したマトロイド問題に取り組んでいたが、先生はこの研究にはほとんど関心を示さなかった。

あとの6人は、博士候補生になってから2年以上経つにもかかわらず、まだ論文のテーマすら決まっていない人たちだった。この様子を見て、私は先生の本格的指導を受けるためには、アドラーのように先生の関心の対象となり得るテーマを選ぶ必要があることを痛感した。

ダンツィク教授が生涯をとおして情熱を注いだのは、超大型の線形計画問題の効率的解法の研究である。初期の有界変数法、基底行列の3角化法、分解原理、そして1960年代後半の一般化有界変数法などは、この流れの中に位置する。

近い将来、大規模組織の経営計画や不確実性のもとでの最適化問題を扱ううえで、10万変数、100万変数の線形計画問題を解く時代がやってくることを見越して、20年にわたって超大型問題に特有な構造を生かした効率的解法を研究してこられたのである。

そこで私は、このテーマを選べば先生の手厚い指導が得られると考え、階段状の制約式をもつ大型線形計画問題の効率的解法に関する研究にとりかかった。いくつかのアイディアが浮かんだが、どれもあるところまでいくと壁が出現した。昔から大勢の研究者が取り組んできたテーマだから、うまくいくならすでに誰かが見つけていただろう。しかしそれにもかかわらず私はこの問題に取り組んだ。アイディアが出るとすぐさま先生のオフィスを訪れた。

日本の大学では、有力教授は研究・教育以外の雑事や会議、さらには企業や役所とのプロジェクトなどで忙しく、アポイントメントをとろうとしても、何日か待たされるのは当り前である。しかしここでは世界一の先生が、月曜から金曜までの朝10時から夕方5時までほとんどオフィスにいて、時間に空きがあればいつでも学生の話を聞いてくださるのである。

残念なことに、結局どのアイディアも実を結ばなかった。大先生に無駄な時間を過ごさせてしまったことが引け目となり、私はしばらくオフィスに顔を出せずにいた。何週間ぶりかで訪れたとき、先生は「ずっと君が来るのを待っていたよ」と言ってはげましてくださった。このあとも私は何度か先生の激励の言葉に救われるのであるが、これがその第1回目である。

もう5月も終わろうとしていた。留学期間はあと3ヵ月しか残っていない。勤務先には、資格試験に受かった段階で留学期間延長を願い出たが、予定どおり9月には帰るように指示が出ていた。もし、テーマも決まらずに日本に帰ったら、5年の資格有効期限内に博士論文を完成させられる見込みは小さい。

しかし世の中は何が起こるかわからないものである。いったんは諦めかけた私のもとに、「1年の留学延長が決まりました。これは所長の命令です。かくなるうえは、必ずPh. D. をとるよう頑張ってください」、という上司の手紙が届いたのである。数理工学コースへの所属が決まったこと、突然留学を命ぜられたことに引き続く3回目の幸運だった。

数ヵ月を無駄にした私は、線形計画法で博士論文を書くことは諦めた方が賢明だと考えた。友人たちの言葉どおり、この鉱山は長い間の採掘で掘りつくされていたのだ。したがってこの分野で勝負しても、落ち穂拾いがいいところだ。そして落ち穂拾いでは博士論文にはならない。

線形計画法そのものではなく、しかもダンツィク先生の関心の対象となり得る問題とは何か。難しすぎずやさしすぎず、しかも注目を集めるテーマはなかなか見つからなかった。残りの時間は9ヵ月を切り、研究所との約束が重くのしかかってくる。

「求めよ、さらば与えられん」。クリスマス休暇に訪れたモントレー海岸で、一つのアイディアが浮かんだ。線形計画問題を〝少々〟一般化した「双線形計画問題」に、ホアン・トイ(Hoang Tuy)の切除平面法をあてはめるというアイディアである。

双線形計画問題は、1966年にM. Altmanによってゲーム理論との関連で考察された問題である。これは、n次元の変数xとm次元の変数yに関する双1次式を、線形制約式の下で最小化する非凸型2次計画問題の一種であるが、私はこの問題が多様な現実問題に応用可能であることに気づいていた。

一方、トイ教授の切除平面法は、1964年に凹関数最小化問題に対して提案された魅力的な方法である。『Doklady』誌に発表された論文は、わずか2ページという短いもので、そこには細かいことは何も記されていなかった。コトル教授は、「この方法は魅力的だが、一般の凹関数最小化問題に対してはうまくいかないのではないか」、と言っていた。

しかし私は、双線形計画問題については、トイ教授のアイディアに工夫を施すことによって、厳密な解法を構築することができる可能性があると考えた。この話を聞いたダンツィク先生は強い関心を示してくださった。私はそれに力づけられ、この問題に本格的に取り組んだ。研究は面白いように進み、6ヵ月後にはほぼすべてが完成した。

第1部はアルゴリズム、第2部は応用を扱った150ページに及ぶ博士論文のタイプ打ちが終わったのは、6月末だった。ダンツィク先生はこの論文を見て、「Beautiful !」という言葉でねぎらってくださった。そして7月半ばに行われた最終審査会で、Ph. D. 授与が確定した。

このときの審査員は、ダンツィク教授が主査で、審査員はR. Cottle、B. C. Eaves、D. Luenberger、G. Golubという豪華メンバーだった。私は黒澤明、篠田正浩、鈴木清順、山田洋次、周防正行監督たちの前でオーディションを受ける駆け出し俳優のように緊張したが、審査会は呆気ないほど簡単に終わった。

すべてが終った8月はじめ、私は全米の有力大学を巡る旅行に出発した。ピッツバーグのカーネギー・メロン大学を振出しに、レキシントンのケンタッキー大学、ニューヘブンのイェール大学、そしてイサカのコーネル大学まで行って折り返し、アン・アーバーのミシガン大学、マディソンのウィスコンシン大学、ボールダーのコロラド大学をまわったあとスタンフォードに戻るという、30日間1万キロの車の旅である（一体これでどれだけのCO_2を撒き散らしただろうか）。

このスケジュールは、ダンツィク先生のつてを頼って立てたもので、カーネギー・メロン大学ではエゴン・バラス（E. Balas）、G. Thompson、ケンタッキー大学ではR. Wets、イェール大学ではE. DenardoとH. Scarf、コーネル大学ではレイ・ファルカーソン（R. Fulkerson）、ミシガン大学ではK. Murty、ウィスコンシン大学ではオルヴィ・マンガサリアン（O. Mangasarian）とJ. B. Rosen、コロラド大学ではF. Gloverといった大先生たちの歓待を受けた。

駆け出しのPh. D.がこのような大先生たちのアポイントメントをとることができたのは、ダンツィク先生の紹介状が水戸黄門の印籠のような威力を発揮したおかげである。

〝事件〟は旅の折返し点のコーネル大学で起こった。ダンツィク先生の古くからの友人でライバルでもあるファルカーソン教授にお会いして、「双線形計画アルゴリズムは、ある種の組合せ最適化問題にも原理的には適用可能なはずだ」という話をしたところ、先生は即座に「そんな問題が解けるはずはない！」と断言されたのである。

当時のスタンフォード大学には、整数計画法や組合せ最適化の専門家は1人もいなかったので知らなかったが、1970年代のはじめといえば、リチャード・カープ(R. Karp)らがNP完全問題という概念を定義し、その性質をみたす問題はどれもうまく(速く)解けそうもない、という大理論をうち立てたばかりの頃である。ファルカーソン先生は、私の挙げた問題が紛れもなくこのNP完全クラスに属していることを見抜かれたのである。

もちろん私は、自分のアルゴリズムがこの問題を〝速く〟解くことができるものではないということは承知していた。しかし原理的には有限回の反復で解ける、というのが私の主張である。しかしこれだけ明快に否定されたことで、私は自分が証明した定理をもう一度よく吟味する必要があると考えた。ダンツィク先生をはじめ、審査委員会がOKを出した論文であるが、その中の重要な定理の証明に、やや気になるところがあったのである。ウィスコンシン大学に着いたころには、旅の前半のうかれた気分は消し飛んでいた。

スタンフォードに戻った私は、帰国を前にしてバークレーに先輩のアドラーを訪れた。Ph. D. 論文もでき上がらないうちに、有力大学のIE／OR学科の助教授に迎えられた強者である。

人づきあいの悪いこの人が珍しく電話をかけてきて、双線形計画法について話を聞きたいというので、ちょうどよい機会だと思ってこのリクエストに応えたのである。

ところが説明の途中で、アドラーはいきなり「そこが間違っている」と叫んだ。まさに気になっていた部分である。そして、「君の証明に誤りがあることは、簡単な反例によって示すことができるはずだ」と言ったあと、鋭い視線で私を凝視した。アドラーは、後輩が書いた〝beautiful〟な論文が気になって、その内容を詳細に吟味した結果誤りを見つけたのだ。

私の17年にわたる双線形計画問題との格闘は、こうしてはじまったのである。

第二章

長い曲がり角――1970年代のOR

移り変わるORの研究拠点

ＩＮＦＯＲＭＳが、創立50周年を記念して２００２年１月に発行した『Operations Research』誌50巻には、ＯＲを生み育てたスターたちによる33編のエッセイが並んでいる。この豪華版を手にして、私は30年にわたって年会費を払ってきた甲斐があったと考えていた。

主な執筆者は、K. Arrow、G. Dantzig、R. Gomory、R. Howard、S. Karlin、L. Kleinrock、H. Kuhn、J. Little、H. Markowitz、H. Raiffa、H. Scarf、M. Shubik、H. Wagnerなど、ほとんどすべてが、ＯＲのさまざまな分野を立ち上げ発展させてきた人々である。

ＯＲにおける米国の突出した貢献を誇示するこの特集号は、私にいろいろなことを教えてくれた。まず第一は、これらのスターたちの多くがいまなお現役だということである。70歳を超えたアローやカーリンが、第一線で研究を行っていることは知っていたが、ラルフ・ゴモリーに到っては、スローン財団の理事長職を退いたあと、70歳に入ってから整数計画法の研究に復帰し、かつての同僚であるウィリアム・ボーモル(William Baumol)やエリス・ジョンソン(Ellis Johnson)らと新しい研究成果を発表しているから驚く。米国の研究者の息が長いのは、食べもののせいだろうか、それとも年齢差別がないからだろうか。

どのエッセーも筆者の個性がよく現われた面白い内容であるが、私が選んだベスト・ファイブは、アロー、ゴモリー、カーリン、キューン、そしてここに紹介するスカーフである。

ハーバート・スカーフ(H. Scarf)は、1954年にプリンストン大学数学科でPh. D. をとったあと、ランド・コーポレーション、スタンフォード大学を経て、1960年代半ば以来イェール大学経済学部教授のポストにある。したがって、ひとまずは経済学者ということになっているが、ORの専門家といってもよい人である。

若い時代にアロー、カーリンらと共同で行った在庫モデルの研究でよく知られているが、その後も不動点アルゴリズムや均衡点問題、さらには整数計画法の分野でも数々のオリジナルな研究がある。

スカーフのエッセイでまず驚いたのは、プリンストン大学の数学科博士課程の同期生リストである。R. Gomory、L. Shapley、J. McCarthy、M. Minsky、S. Lang、J. Milnor の6人のすべてが、後に世界的研究者として名を馳せる人々である。また2学年上には、M. Beale、D. Gale、H. Kuhn と、映画『ビューティフル・マインド』の主人公ジョン・ナッシュ(J. Nash)がいた。

ＯＲの専門家であれば、ゴモリー、シャプレーを知らない人はいないだろうが、念のために書けば、ゴモリーは(本人のエッセイを読むと)１９５０年代末にいともやすやすと整数計画法を生み出した人であり、シャプレーはシャプレー値などで知られるゲーム理論の超大家である。どちらもスカーフともども、ＯＲの世界の最高の賞であるフォン・ノイマン賞を受賞している。

一方、ジョン・マッカーシーとマービン・ミンスキーは、それぞれスタンフォード大学とＭＩＴに城を構える人工知能の二大権威で、計算機科学のノーベル賞であるチューリング賞の受賞者、そしてラングとミルナーも代数学と微分幾何学の大家で、特にミルナーは１９６２年に数学のノーベル賞といわれるフィールズ賞を受賞している。

ちなみに、当時のプリンストン大学の教授陣は、学科長のアルバート・タッカー(A.

Tucker)以下、E. Artin、S. Bochner、W. Feller、R. Fox、S. Lefschetz という伝説の大数学者たちである(私は学生時代からこれらの人々を知っていた。もちろん名前だけの話だが)。

また、キャンパスの外れにあるプリンストン高等研究所には、A. Einstein、K. Gödel、J. von Neumann という20世紀最高の知性たちがオフィスを構えていた。まさにこの時代のプリンストンは、数理科学の世界最高の頭脳の活動の場だったのである。

それだけではない。スカーフは夏休みになると、近所のマレー・ヒルにあるAT&Tベル研究所に出かけて、J. Tukey のアシスタントを務めたり、クロード・シャノン(C. Shannon)の研究スタイルをのぞき見する機会もあったという。ちなみにベル研究所は、1950年代から1960年代にかけて6人のノーベル賞学者を輩出させた、米国きってのセンター・オブ・エクサレンスである。

スカーフとその仲間たちが、もともと才能に恵まれていたことに疑う余地はない。しかしそれ以上に重要なことは、日常生活を共にしながら、互いのよさを吸収しあったことではないだろうか。キューンの回想録のタイトルが示すとおり、"in the right place at the right time"に集まった人々が切磋琢磨した結果、これだけの才能が開花したのである。

私は純粋数学に進んだ2人を除けば、スカーフと彼の同期生のすべてと話をする機会があったが、どの人も驕ることのない謙虚な人たちだった。アインシュタイン、フォン・ノイマン、ゲーデルを身近に見た人が、また数々の天才たちと起居を共にした人たちが、天狗になることはありえない。

私はかねがね、優秀な人々は一ヵ所に集めて切磋琢磨させるのがよいと信じている。1950年代のプリンストン大学は、20世紀はじめのブダペストに並ぶ人材の宝庫だった。戦後の日本がエリート養成を罪悪視し、才能を拡散させようとしたのは残念なことである。

私は50歳代になってから2回、合計1週間ほどプリンストン大学に滞在する機会があった。フォン・ノイマンが住んでいたという家を訪れたときは、ゲッチンゲンでガウスの銅像を見たとき以上の感動を覚えた。計算機科学もゲーム理論も、フォン・ノイマンが生み出したものである。そしてこの人は、私の師であるダンツィク先生の精神的支えでもあった。

プリンストン大学は、ニューヨークから電車で約1時間のところに位置している。キャンパス自体は広く美しいが、駅はさしずめ東海道線の二宮駅といった風情である。町の中心にある商店街は、100m×50mの中に納まってしまうほど小さく、まともなホテルは一つしかない。いわば大学以外には何もない田舎町である。私の印象では、米国の一流大学の中で2番目に退屈なところにある大学、それがプリンストンである。1時間少しでニューヨークに出られるとはいっても、勉強するには最適な退屈さである。

スカーフのエッセイで私を驚かせたもう一つの事実は、7人の同級生のうちで純粋数学の分野に進んだのは2人だけだったということである。フォン・ノイマンやアルバート・タッカーに刺激されて応用数学に進んだのだろうが、この時代の米国数学界が、古い因襲に囚われない組織であったことをうかがわせる。

わが国の数学者が、いまだに代数・幾何・解析、そして確率論をバウンダリーとして、それ以外の分野に進出しようとしないのと比べると、大きな違いである。しかし時代は変わった。たとえばドイツ数学会の会長は、組合せ最適化の雄 M. Grötschel が、またベトナム数学会長は、大域的最適化のホアン・トイ教授が務めたのである。

さてスカーフはプリンストン大学を卒業したあと、ランド・コーポレーションに参加するのであるが、この研究所がまた凄い。K. Arrow、G. Dantzig、R. Bellman、R. Fulkerson、S. Karlin、H. Markowitz、A. Hoffman、J. Marshak、L. Shapley といった人々が、互いに協力しながら画期的な研究を行っていたのが、この時代のランド・コーポレーションである。

かつてダンツィク教授は、「あの時代われわれは、気が狂ったように論文を書きまくっていた」、と回想していたが、プリンストン大学、ハーバード大学、MITなどが生んだ数理科学の天才たちのほとんどすべてが、何らかの形でこの研究所と関係をもっていた。

ロサンゼルスに近いサンタモニカにあるこの研究所は、第二次世界大戦中に〝作戦研究（Operations Research）〟を成功させた米国空軍が、その人材を温存すべく設立した研究所である。ここで線形計画法、2次計画法、ネットワークフロー、在庫理論、ダイナミック・プログラミング、ゲーム理論などが発展し、1950年代から1960年代半ばまで、文字どおりORや数理科学のメッカとなるのである。

ところが、1960年代半ばになるとこれらの有力な研究者は次々と大学に移籍していった。そして、私がこの研究所を訪れた1969年に残っていたのは、ファルカーソンとシャンプレーの2人だけになっていた。そして、この2人がコーネル大学とUCLAに移籍した1970年代はじめを境に、この研究所は空軍から離脱して民間の研究所に生まれかわった。

このあとランドコーポレーションは、ORにより広い概念であるシステムズ・アナリシスを標榜し活動を続けるが、すでに研究所の名声は過去のものになっていた。一般に〝研究所の寿命は20年〟という説があるが、この類い稀なる研究所もその例外ではなかった。

ORは、プリンストン大学とランド・コーポレーションを拠点として、1950年代、1960年代はじめに大発展した。しかし1960年代末以降、ORは大きな曲がり角を迎える。いろいろな理論はできたものの、これを実際問題に適用するうえで必須な、計算能力が追いつかなかったためである。

１９７０年に、スタンフォードの経済学科に客員研究員として滞在していた京都大学の佐和隆光氏は、ＯＲの拠点学科で学生生活を送っている私に向かって、「いまごろＯＲなんか勉強して、一体どうなるんでしょうね」、と心配してくださったが、確かにこの時代のＯＲは曲がり角に立っていた。

ＯＲは、さまざまな実用問題を速やかに解いて見せたことで１９５０年代に時代の寵児となった。当時のＯＲは、今のＩＴのような花形分野だった。しかしその後ＯＲは計算の壁にぶつかって立ち往生する。少し大きな整数計画問題や非線形計画問題は解けなかったし、待ち行列理論や在庫理論も同様だった。

こうして問題解決重視の人々の間から、理論中心のＯＲに批判の声が上がった。たとえば１９７１年には、英国のＯＲ学会誌にR. Websterなる人物が、「１９７０年代中にＯＲは死ぬだろう」という不気味なタイトルのエッセイを書いている。そしてこれに呼応するかのように、わが国でも実務家サイドのＯＲ批判の声が強まっていくのである。

「理論と応用」の対立は、１９６０年代にはじまっていたわけだが、スタンフォード大学

ＯＲ学科は、この時代も理論中心の学科運営を続けていた。応用は隣のＥＥＳ学科やＩＥ学科に任せるという合意があったためである。そしてこの学科は、多くの優れた人材を育てることに成功したのだから、その方針が間違っていたとはいえないだろう。

スタンフォード大学ＯＲ学科が全盛を誇ったのは、学科創立から１９８０年までの15年間だったというのが私の印象である（スタンフォード大学にかわって、１９８０年代にＯＲの理論研究の拠点としての役割を果たしたのがコーネル大学である）。そしてランド・コーポレーション同様、１９８５年の20周年パーティを境に急激な凋落がはじまるのだが、それはこの学科が応用を軽視したからではない。学科発足のときに埋め込まれていた、より本質的な危機を回避することができなかったためである（この点については、またあとで書くことにしよう）。

ウィスコンシン大学数学研究所

１９７2年の夏から約1年間、私は米国中西部の町・マディソンにあるウィスコンシン大学数学研究所に招かれた。ここは米国陸軍の資金によって運営されている応用数学の研究所で、数理計画法の研究拠点として知られていた。

ここには純粋数学の大家たちのほかに、数理計画法の若手実力者であるティーシー・フー(T. C. Hu)、オルヴィ・マンガサリアン(O. Mangasarian)、S. Robinson などが住んでいた。またここには世界各地から、T. Rockafellar、W. Tutte といった大物たちが数ヵ月単位で招かれていた。

私の身分は博士課程を終えた新人のための「ポスドク」というべきもので、課せられた義務は1年の間に1編の論文を書くだけという、恵まれたものだった(数年後には、東京工業大学の小島政和氏もここに招かれている)。

留学から帰って1年もしないのに、電力中央研究所を休職して渡米したのは、どうしてもあの問題に決着をつけたかったからである。

私のPh. D. 論文「Bilinear Programming」は、スタンフォード大学ＯＲ学科の2冊のテクニカル・レポートとして全米に配布され、かなりの人に読まれていた。全米トップを独走していたこの学科が出すレポートは、それだけで大きな権威をもっていたのである。このため私は、「双線形計画法」のパイオニアとして有名になってしまった。

自分では間違っていることがわかっている定理を、多くの人が信じている！　しかも、帰国して数ヵ月経ったころ、バークレーのＩＥ／ＯＲ学科の2人の研究者が、定理の反例を載せたレポートを送りつけてきた。こうして私は、きわめて間の悪い立場に立たされてしまった。

帰国して以来私は、暇さえあればこの問題と取り組んでいた。しかしなかなか突破口は見つからなかった。特別な問題であるだけに、相談にのってくれる友人はいなかった。

こんなときに舞い込んだ、この願ってもない招待を断ることはできなかった。旅行の途中で会ったマンガサリアン、ロビンソンらの非線形最適化の大物たちのアドバイスがあれば、抜け道が見つかるかもしれない。

すでに書いたとおり、私の論文は1964年にベトナムのホアン・トイ教授が発表した「凸性カット」に関する論文をもとにしたものである。ここに盛られたアイディアは実に魅力的なもので、たちまちこの世界で大評判になった。整数計画法の分野でひところ集中的に研究されたF. Gloverの「交差カット」は、トイの「凸性カット」を基礎としたものである。

しかしトイ教授は単にアイディアを述べただけで、それによって具体的な問題が〝うまく〟解けるかどうかについては言及しなかった。おそらく、このアイディアの裏に潜む〝モンスター〟の存在を知っていたからだろう。

私が取り組んだ双線形計画問題は、非凸型2次計画問題の一種で、多数の局所最適解があるため、実用的な時間の範囲で真の最適解(これを大域的最適解という)を求めることは不可能だと考えられてきた難問である。したがって正統派の研究者は、決してこのような問題に手を出そうとはしなかった。

非凸型2次計画問題にはじめて本格的に取り組んだのは、シュツットガルト大学のクラウス・リッター(K. Ritter)である。この人は1966年にきわめて巧妙な解法を提案し、原理的にはあらゆる問題を解くことができることを示した。

リッターはこの画期的な業績を認められ、米国の大学に招待された。しかしその後間もなく、この解法に本質的な誤りがあることが明らかとなる。リッターはこの定理を修復することができず、〝リッターの大失態〟という汚名を残したままシュツットガルトに戻り、二度と米国の地を踏むことはなかった。これは余程の大事件だったようで、私もスタンフォード時代に耳にして知っていた。

双線形計画法の研究にとりかかるにあたって、私はリッターの論文を詳しく読んでみた。アルゴリズムも定理の証明もきわめて入りくんでいて、どこに間違いがあるのかを確認するのにかなり苦労した。しかしこのとき私は、双線形計画問題に限っていえば、その特殊構造を利用することによって、切除平面法の有限回収束を証明することは可能かもしれないと考えた。

こうして、苦労の末に組立てたアルゴリズムだったが、残念ながら〝モンスター〟から逃れることはできなかった。無数の頭をもったモンスターからは、切り落としても切り落としても新しい頭が生えてくる。トイのカッターを改良することによって、すべての頭を切り落とすことができると思ったのだが、そんなことで降参するような相手ではなかった。結局私はリッターが落ちた罠に、もう一度落ちてしまったのである。

しかしリッターに比べて幸運だったのは、私がまだ駆け出しだったことと、間違いはテクニカル・レポートのレベルに止まっており、専門誌に掲載されてはいなかったことである。もしファルカーソン教授の怪訝な眼差しとアドラーの好意がなければ、私はこの論文を一流ジャーナルに投稿していたに違いない。そしてレフェリーの眼をくぐり抜けてそのまま公刊され、取り返しのつかない不名誉を負うことになっていたかもしれない。

私はウィスコンシンに行けば、この証明の不備を修復することができるだろうと考えた。しかしマンガサリアン教授たちに相談をもちかけたところ、意外な事実が明らかとなる。リッターが招待された大学というのが、ここの大学の、しかもこの数学研究所で、致命的間違いを発見したのは私を招いてくれたフー教授だったというのである!!　マンガサリアンは、リッターたちと協力して定理を証明すべくいろいろ努力してみたが、考えうるすべての方法を駆使してもどうにもならなかったという。

このことを知ったとき、私は奈落の底に落ちていた。世界のトップに位置する研究者たちが、総力を上げても退治できなかったモンスターということであれば、私ごときが退治できるはずはない！　その後10年以上この問題と取り組んだが、解決の緒口《いとぐち》は得られなかった。ほとんど諦めかけていた私であるが、その後もモンスターは頭の中に住み着いていた。いつの日か何とかしなくては——。

全く思いがけない方法でこの問題が解けることに気づいたのは、アドラーの言葉に打ちのめされてから、17年目の1988年のことである。

ウィスコンシン滞在期間のほとんどをこの問題との格闘に費やしたため、他の研究はほとんど手につかなかった。しかし、滞在期間中に少なくとも一編の論文を仕上げなくてはならない。論文の種は一つしかない。スタンフォード時代に考えついた、多段階凹型費用在庫管理モデルの拡張版に対する効率的解法である。これは、W. Zangwill が1966年に発表した解法をバックロッグ(注文の積み残し)を許す場合に対して拡張したもので、学生に厳しいことで有名なアーサー・ヴィーノー(A. Veinott)教授から過分な褒め言葉を頂戴したものに、少々手を加えたものである。

大問題と格闘していたためにそのままになっていたこの結果を、論文にまとめて提出すると、数日後にエレベーターの中でフー教授に、「君の論文は読んだが、あのようなものは書かない方がよい」と酷評されてしまった。確かに、頭のよい人から見れば大した結果とはいえないだろう。しかし、〝書かない方がよい〟というほど酷いものではなかったはずである。

日本に戻ってしばらくして、私は気を取りなおしてこの論文をOR学会の論文誌に投稿した。フー教授には酷評されたが、ヴィーノー教授に評価されたからには、一定の価値はあるはずと考えたのである。レフェリー・プロセスはスムーズに進み、翌年この論文は掲載された。そして思いがけないことに、この論文が私にいくつもの幸運を運んでくれたのである。

私はこの経験からいろいろなことを学んだ。何か成果が得られたら、それをきちんと論文にまとめて発表すること。自分の得た結果がどれだけの価値があるかは、自分ではわからないものである。偉い先生から見れば、くだらない結果かもしれない。しかし世界は広いのである。私の〝書かない方がよい〟論文が、トイ教授やザングウィル教授に注目され、その後の交流によっていくつかの新しい成果につながったのである。

この経験をもとに、私はこの20年間論文を書き続けた。自分でも納得できる出来栄えの論文はやっと五つに一つである。フー教授にいわせれば、大半は書かなくてもよい論文なのだろう。しかし、このような論文でも書き続けて、掲載してもらうことが大事なのである。ボクシングにたとえれば、大半の論文はジャブである。しかしジャブをを出し続けなければ、アッパー・カットでノックアウトすることはできないのだ。

私の知り合いで最も多くの論文を書いた人は、テキサス大学のアンドリュー・ウィンストン（A. Whinston）教授である。１９３６年生まれのこの人は、60歳までの約30年間に数理計画法、意思決定支援システム、人工知能、電子商取引などの分野で６６０編の論文を書いている。１年で20編以上という驚異的ペースである。日本人の場合でいえば、レコード・ホールダーは伊理正夫教授と茨木俊秀教授の約４００編であろう。これは毎年10編のペースである。

伊理教授は、論文は数ではなく質が重要だという。しかしその一方で、論文は質であると主張するには、一定以上の量を書かなければならないと付け加えることも忘れない。おそらくこの背後には、「論文の質は多かれ少なかれ量と比例している」、という事実があるからだろう。

これは小説家の場合と同じである。世界の文豪たち、たとえば、バルザック、ユゴー、デュマはおそろしく多作である。中には凡作もある。しかし、傑作は凡作を足場に生み出されるのである。「量産せよ。質はあとからついてくる」という仮説を検定すれば、危険率５％で否定されることはないはずである。

スタンフォード大学時代に、学生として〝勝ちゲーム〟をエンジョイした私は、ウィスコンシン大学ではプロとしての〝負けゲーム〟を経験した。世の中では、日本と違って米国では負者復活が可能だということになっている。確かにビジネスの世界ではそうかもしれない。しかし研究者に限っていえば、米国でいったん負ければ再起するのは難しい。

米国の若手研究者の世界は、プロレス用語でいえば〝2000日12本勝負〟である。Ph. D.をとって一流大学に助教授として招かれたものは、3年で6編以上の論文を書かなければクビである。そしてその後の3年でさらに6編の論文を書かなければ、准教授になれずに解雇される。ともかく勝って、勝って、勝ち続けなくては生きていけないのが、米国の研究者なのである。

人々は米国に比べて日本の大学は生ぬるいという。しかし私はこの生ぬるさのおかげで、17年間を生き延びることができたのである。もし日本の大学が米国式の短期成果主義を採用していたとすれば、私はいまこのような文章を書くことはなかっただろう。

フー教授に最後に出会ったのは、エレベーター事件から20年後の1994年のことである。ミシガン大学で開かれた国際数理計画法シンポジウムで、たまたま同じセッションで発表することになったためである。

しかしこのときの私は、フー教授の研究発表に衝撃を受けていた。それはシミュレーテッド・アニーリング法にかかわる〝哲学的〟研究だったからである。「あの剃刀のような切れ味を誇示したフー教授が、こんな(つまらない)ことをやっているのか!!」しかし私がつまらないと思っても、誰かが評価するかもしれないから断定は控えた方が賢明だろう。

国際応用システム分析研究所

1974年から1975年にかけての約1年間、私はウィーン郊外にある「国際応用システム分析研究所(IIASA)」に招かれ、生涯を通じて最も優雅な時間を過ごした。なお「システム分析」とは、入り組んだ社会的問題を、ORをはじめとする科学的手法を用いて総合的に分析することを意味する専門用語である。

この研究所はベトナム戦争終了後の米ソ緊張緩和の中で、世界規模の大問題を解決するため、東西諸国が協力して設立したもので、当初、西側からは米、英、仏、西独、カナダ、イタリア、オランダと日本の8ヵ国、東側からはソ連、東独、チェコスロバキア、ポーランド、ハンガリー、ユーゴスラビア、ルーマニア、ブルガリアの8ヵ国が参加した。

米ソがそれぞれ年間100万ドル、その他の諸国は一律10万ドルずつを拠出し、オーストリア政府も、マリア・テレジアの夏の居城だったラクセンブルグ城を無料で提供したうえに、光熱費や維持費を負担していた。チェコ動乱からまだ6年にしかならなかったこの当時、オーストリア国民はソ連の侵攻に脅えていた。そこで、ソ連も参加しているこの国際機関を誘致することによって、安全保障を確保しようとしたのである。

当時の研究プロジェクトは、エネルギー問題、人口問題、地球環境問題、国際河川管理問題と、これを補佐するシステム最適化プロジェクトの五つで構成されていた。所長はハーバード大学教授で意思決定分析の権威であるハワード・ライファ(H. Raiffa)、そしてシステム最適化プロジェクトのリーダーはジョージ・ダンツィク教授という豪華版だった。

ダンツィク・チームの常駐メンバーは、西側からは M. Balinski、J. Casti と私のほか R. Keeney、D. Bell らのライファ・ファミリー、そして東側からは、朝から晩までコピーをとりまくっている黒ずくめの怪人たちが派遣されていた。

潤沢な資金と米ソ協調の謳い文句に魅かれて、東西の大物たちが次々とここを訪れた。ノーベル賞を受賞した K. Arrow、後にノーベル賞を受賞する T. Koopmans、L. Kantorovich のほか、H. Scarf、W. Nordhaus、T. N. Srinivasan、宇沢弘文教授らの経済学者や、R. Gomory、E. Johnson、P. Wolfe をはじめとするダンツィク・スクールの重鎮たち、そして R. Kalman

らシステム制御理論の専門家などである。このほか週2回のセミナーには、世界中から大物たちがやってきて、最新の研究成果を聞かせてくれた。

システム最適化プロジェクトのメンバーは、自分の研究のほかに応用プロジェクトの支援をすることになっていた。私が割り当てられたのはエネルギー・プロジェクトで、そのリーダーであるウォルフ・ヘッフェレ(W. Häfele)教授は、西ドイツの高速増殖炉研究の中心地であるカールスルーエ研究所の所長を務める大物である。

原子力学会の高速増殖炉専門委員会の下働きをしていた頃、私はこの人がどれほど凄い人か聞かされ続けてきた。当時原子力の世界では、必ず近い将来増殖炉が本格稼動するものと信じられていたが、そのような〝空気〟を生み出すうえで、この人物がきわめて大きな役割を果たした。

一度は逃げ出した原子力発電の研究に割り当てられた私は、電力中央研究所時代と同様に適当にお茶を濁すつもりでいた。しかしヘッフェレ皇帝は、私とインド経営大学院のスリニバサン(T. N. Srinivasan)教授に、ヘッフェレ＝マン・モデルの精密な検証作業を依頼してくるのである。

このモデルは、その前年にヘッフェレ教授とスタンフォード大学のアラン・マン教授が提案したもので、高速増殖炉が実用化されたときに、火力発電や軽水炉、新型転換炉などと高速増殖炉をどのように組み合わせれば、最も経済的な発電システムができるかを調べるための線形計画モデルである。われわれに与えられたのは、今後40年間、すなわち２０１０年までの最適発電計画を立案し、それを検証する作業だった。

当初私は、ＣＤＣ６６００用の数理計画パッケージＵＭＰＩＲＥを使って計算を行い、結果の分析はスリニバサン教授に任せればよいと考えていた。予想どおり計算はすぐ終わった。ところが、計算結果を見たスリニバサン教授は納得してくれない。私には、前提を変えれば結果が変わるのは当り前だと思われたが、経済学者からみると、あるパラメータを少し変えるだけで、どうして結果にこれだけ大きな違いが出るのか理解できないという。

こうして私は、1ヵ月以上にわたって計算結果の経済学的解釈につき合うことになった。それまでの私にとっては計算がすべてであり、答の解釈はどうでもよいことだった。しかし夜に日をつぐディスカッションの中で、次々と思いがけない事実が浮かび上がる。こうして私は、単純そうに見えたヘッフェレ＝マンの線形計画モデルが、意外にも深い奥行きをもつこと、そして「数理モデルの具体的システムへの応用研究」が、予想していたよりはるかに面白いということに気づかされたのである。

数理計画法の研究をやってきた私は、それまで理論（アルゴリズム）研究にこだわり続けていた。これは私だけの話でなく、大学に所属するOR研究者の多くは、時間がかかるうえに論文になりにくい応用研究よりも、論文が書きやすい理論研究をやりたがるものである。理論家の多くは、「まずは成果が出やすい理論研究で業績を上げよう。そして余裕ができたら応用研究をやろう」、と考えている。ところがなかなか余裕ができないまま、ともすると現実と遊離した理論研究にのめりこんでしまうのである。

いやいやつき合った研究だったが、結果的にこれが後年私が応用研究に本気で取り組む出発点となった。数ヵ月後に開かれたシンポジウムで行った研究発表は、ダンツィク、クープマンス教授だけでなく、ヘッフェレ皇帝からも破格の賞賛の言葉をいただいた。この研究結果は1975年に、新刊されて間もない『Energy Policy』誌にスリニバサン教授との共著論文として発表され、私の最初の応用研究論文となった。

この研究がまとまったところで、かねてからの懸案である双線形計画法の論文づくりに取りかかった。先に書いたとおり、アルゴリズムの収束性に関する定理の証明に不備があったため、正式論文に仕上げるのは無理だと考えたこともあった。しかし、再び論文を詳しく読んでみたところ、十分に利用できる資源が埋まっていることに気がついた。そこで廃棄されていた資源をもとに2編の論文を書き、『Mathematical Programming』誌に投稿した。幸いこの論文はすんなり受理され、１９７6年の同誌に掲載された。

私はＩＩＡＳＡに滞在した1年間で、プロジェクト研究はテーマの選択とプロジェクト・リーダーの資質によってほとんどすべてが決まること、応用研究は理論研究以上に質のバラツキが大きいこと、またうまくいけば理論研究以上に大きな満足感が得られること、研究費を獲得するためには、研究内容だけでなくレトリックが大きな役割を果たすことなどを学んだ。

またダンツィク先生が不在中に、システム最適化プロジェクトのリーダーを務めたチャリング・クープマンス(T. Koopmans)教授の指導を受けたことは、さまざまな意味で私のその後に大きな影響を与えた。線形計画法が生まれたとき、いち早くその重要さを見抜いてダンツィク教授の研究をサポートし、またマーコビッツの平均・分散モデルが経済学者の批判をあびたとき、それを一貫して支援したことなどからもわかるとおり、クープマンス教授は実用研究を高く評価する人だった。

このときすでに60歳代半ばの老境にあったが、ダンツィク先生に対しては仲のよい兄のように振舞い、その弟子である私に対しては、あたかも甥のように面倒をみてくださった。ここでクープマンス教授と出会ったことで、私は経済学者の中にはエンジニアが逆立ちしてもかなわない、人格・能力・識見のすべてに傑出した人がいることを知ったのである。

この2年後、クープマンス教授は線形計画法における貢献を理由に、ソ連のカントロビッチ教授とともにノーベル経済学賞を受賞されるのであるが、この分野の最大の貢献者ダンツィク教授が選から漏れたことを知ってショックを受け、一時は受賞辞退を考えたという。「この賞をジョージとシェアできなかったことは痛恨のきわみである」という授賞式でのスピーチは、いまなお語り草となっている。

一方のダンツィク教授は、このとき努めて平静を装っておられたが、受けた傷は大きかった。ありとあらゆる賞を受賞し、〝数理計画法の父〟とよばれてもなお、その後20年以上にわたって教授の傷が癒やされることはなかったのである。

最大の功労者である父が選に漏れ、父をサポートした叔父が受賞したこの事件によって、私はノーベル経済学賞、ひいては経済学そのものに再び重大な疑惑をもつことになった。経国済民の学問を名乗る経済学は、その本来の役割を忘れて、経済学(者)のための経済学に堕しているのではないかという疑惑である。

私がはじめて経済学(者)に不信感を覚えたのは、大学を卒業して間もないころである。卒業論文のテーマとしてゲーム理論を選んで以来、私はＯＲとは至近距離にある経済学の本を読みかじっていた。当時の経済学で使われていた数学は、数理工学を学んだ者から見ればそれほど難しいものではなかった。したがってサミュエルソンの『Foundations of Economic Analysis』もそれほど難しいとは思わなかった。ところが経済学の基本を理解したはずの私は、エコノミストの議論にはついていけなかった。

経済理論はすべて、ある特定の（ときとして現実離れした）前提のもとでのみ成立するものである。AとBの条件が一定であれば、CとDの関係はかくかくしかじかといった類いの理論は、理論としては面白い。しかし実際には、AとBが一定でなければこの関係が成立するとは限らない。

またケインズ経済学によれば、需要が不足して失業が発生しているときには、政府が公共政策を行って有効需要を創出することによって、完全雇用が実現されるという。ケインズの前提を受け入れれば、なるほどと納得する。しかしエコノミストは、有効需要に寄与するものでありさえすれば、社会的に見て価値のないものや害のあるもの（たとえば車の通らない高速道路や兵器）でも構わないと主張する。理論としてはそれでもよいだろうが、このような政策を実施すれば、経国済民どころか傾国堕民に陥ること必至である（実際そうなってしまった）。

1950年代、ORと経済学はよき隣人同士だった。しかし1960年代には両者にはかなりの距離ができていた。現実より理論を重視する経済学と、より現実を重視するORの間には大きな溝ができてしまった。そしてこの違いが突出した形で表れたのが、ノーベル経済学賞のダンツィック外しだったというわけである。

この溝は時間とともに拡大していくのであるが、それをわがこととして実感するのは、1980年代末に金融工学に参入してからのことである。

ロング・アンド・ワインディング・ロード

新設される筑波大学から誘いがかかったのは、ウィスコンシン大学から戻って間もない頃である。実績のないかけ出しPh. D.に、一流大学ポストが降ってきたことに驚く間もなく、その2日後には首都圏の国立大学から声がかかった。そしてまたまた驚いたことに、都内の私立大学からも見合話がやってきたのである。

縁談は、あるとき次々と降って来るが、時期を外すとパッタリ来なくなるので、頃合を見計らうのが肝心だという。こうして私は、四つの選択肢から一つを選び出すという、一生を通じて最も困難な意思決定問題に直面することになった。

最後にやって来た私立大のオファーは、研究条件の面で候補から外れた。しかし残りの三つ、すなわち電力中央研究所残留、筑波大学、首都圏国立大学はなかなか優劣がつかなかった。ここで私は、はじめて自分自身の意思決定問題にOR手法を適用することにした。さまざまな評価要因を抽出して各選択肢に評点をつけ、評価要因ごとの重要度で荷重和する方法（後にT. Saatyが体系化したAHPの簡便版）を使ってみたのである。この結果、筑波大学が最もすぐれていることが明らかになった。「国際A級大学」の惹句が、スタンフォード大学のイメージと重なったためである。

筑波大学移籍は、40年にわたるOR人生の中での最大の危機と、20年以上にわたる〝悪名〟を連れてくるのであるが、自分で決めたことだから耐えるしかない。

以後私は4回にわたって、重要かつ複雑な意思決定問題に遭遇したが、そのつど、AHPを利用することによって、精神的安定を得ることができた。こう書くと、ORオタクの自己満足に過ぎないと思う人もいるだろう。しかし私にとって、これらの方法は間違いなく役に立ったのである。

筑波大学は東京教育大学を母体として、文部省が総力を挙げて建設した「新構想大学」である。その目玉は、教官組織と学生組織の分離、講座制の廃止、そして教授会の自治と学生の自治の廃止などである。また意思決定を中央に集中して一般教官を雑用から解放し、研究と教育に専念させることになっていた。これだけ揃えば、「新構想」とよぶにふさわしい(残念ながら、雑用がない大学というのは真っ赤な嘘だった)。

私がよばれたのは、全学共通情報処理を担当する一般教育ポストである。専門分野を問わず1200人の学生すべてに、3単位分の情報処理教育(講義・演習・実習をそれぞれ10コマずつ)を施そうという試みである。計算機の専門家ではない私には、少々ためらいがあった。しかし、3年後に情報学類が発足すれば、ここに移籍してOR関連科目を担当することになっていたので、しばらくの我慢だと思ってここを選んだのである。

筑波大学は、土浦から10キロ以上離れた林の中に建てられた大学である。当初の計画では、10年後にはここに人口20万の近代都市ができ上がるはずだった。しかし5年経っても、「文化果つるところ」はそのままだった。

ちなみに当時筑波大学の3種の神器は、長グツ(ドロ道)、棍棒(野犬退治)、懐中電灯だといわれていた。4年目になってやっとドロ道が舗装され、6年目に学園都市の中核となるビルの建設がはじまるのであるが、私が過ごした1982年3月までの筑波は〝荒野〟そのものだった。しかも〝荒野〟は、物理的環境だけだったわけではない。大学の中でも、〝荒野の決闘〟

が繰り広げられていたのである。

新学科創設にあたって最も重要なことは、よいリーダーを連れてくることである。スタンフォード大学のＯＲ学科は、リーバーマンというすぐれ者がリーダーシップをとり、世界的な研究者を迎えることで成功した。ところが筑波大学電子・情報工学系は、最初の教授人事を間違えたことが原因で、大混乱に陥るのである。

筑波大学に採用されることになったことを報告に伺ったとき、森口先生は講座制廃止にふれて、「講座の壁がなくなると風通しがよくなるのは事実だが、いったん暴君が出現したときに歯止めが効かなくなる危険性がある」と言っておられた。またほかの有力教授も、「新設大学が安定するまでには、最低でも10年という時間が必要だろう」と心配してくださったが、まさにそのとおりの展開だった。

講座制のない大学における助教授の身分は、誠に不安定である。何かあったとき誰も守ってくれる人はいないからである。そこで私はさまざまな学科からの開講要請をすべて受け入れ、保険をかけることにした。数学科の学生に対する「数理計画法」、経営政策研究科での「意思決定分析」、情報学類の「有限数字」、「グラフとネットワーク・フロー」、「数値解析」、「オペレーションズ・リサーチ」など、頼まれればどんな講義でも引き受けた。

ピーク時には週に7コマの講義を担当したが、そのほとんどは、〝昨日仕入れた知識を今日講義する〟のだから、新鮮さはあったものの中身はひどいものだったはずである。しかし、ごまかしながらも何とかこれに対応していたのだから、いまでは〝自分をほめてあげたい〟気分である。

ウィーンでの夢のような生活を送って荒野に戻った私は、双線形計画問題の厳密解法に関する研究をいったん横において、運がよければ速く最適解が求まるヒューリスティック解法を考案し、いくつかのジャーナルに投稿した。しかしあるときは、無慈悲な拒絶査定、またあるときは法外な改訂要求を突きつけられて意気阻喪し、そのままオクラ入りとなった(数式入力できるソフトが整備されていなかったから、論文の改訂には途方もない手間がかかった)。

長いトンネル生活のはじまりである。私だけではない。数理計画法をはじめとするORそのものが、この頃長いトンネルに入り込んでいたのである。

やさしい問題は1960年代にあらかた解けた。残ったのは難問ばかりである。そして1970年代はじめにリチャード・カープ(R. Karp)が、「これらの問題はどれもうまく解けないでしょう」という「NP完全理論」を構築したことによって、難しい問題に対する厳密解法に取り組んでいた研究者に死刑宣告がくだるのである。

この頃繁盛したのは、「かくかくしかじかの問題はNP完全である(したがってうまく解けない)」といった類いの研究だったが、実用をめざすエンジニアとしては、このような研究に手を出す気になれなかった。

しかし1980年代に入って、「メタ・ヒューリスティック解法(タブーサーチ、シミュレーテッド・アニーリング、ニューラル・ネットワーク)」などの研究が進み、計算機のパワーアップとともに、大きな問題が実用的な意味で解ける時代がやって来た。またNP完全問題の中にも、効率的なアルゴリズムを構築できるもの(大規模スケジューリング問題に対するブランチ・アンド・カット法や、線形乗法計画法に対するパラメトリック単体法など)があることが示される。こうしてORは、徐々に悪魔の理論の呪縛から解放されていくのであるが、1970年代には「ORは難しいばかりで役に立たない」、「ORはもう死んだ」といった類いの(悪意に満ちた)言葉が投げつけられた。

この時代、自分で多少とも評価できる仕事といえば、『非線形計画法』、『整数計画法』、『整数計画法と組合せ最適化』という3冊の教科書を書いたことくらいである。

山下浩氏との共著で出した『非線形計画法』は、1973年に日科技連出版社から依頼を受けたものであるが、雑用に追われたため、出版されたのは5年後の1978年だった。しかし結果的には、早く出さなかったのは正解だった。非線形計画法はこの5年の間に大発展を遂げたからである。われわれはこの時代に次々と出版されたD. Luenbergerの『Introduction to Linear and Nonlinear Programming』、W. Zangwillの『Nonlinear Programming』、M. Avrielの『Nonlinear Programming』、そしてM. Osborneの講義録などを詳しく勉強したうえで、約3000時間を投入してこの本を書いた。

私が担当した理論編、山下氏が担当したアルゴリズム編は、どちらも先輩たちからここまで書く必要があるのかと叱られたほど詳細をきわめたものだった。しかし血気盛んな若者たちが書いたこの本は、予想に反して20年間にわたってコンスタントに売れ続け、その合計は1万部に届こうとしている。そして、室田一雄氏や土谷隆氏をはじめとする優れた研究者が、この本を出発点として数理計画法に参入したという事実が、筑波大学時代の最大の勲章となったのである。

一方、1981年に出した『整数計画法』は、OR学会の「数理計画法研究部会」(略称RAMP)の発足を記念して企画されたシリーズ『講座・数理計画法』(産業図書)の中の一巻である。これは茨木俊秀氏の『組合せ最適化と分枝限定法』と対になるもので、整数計画法における代数的方法(切除平面法や群緩和法、そして整数多面体のファセットなど)を扱ったものである。

１９７５年にフーの『整数計画法とネットワーク・フロー』を翻訳したことや、１９７６年から3年間ＯＲ学会の「整数計画法研究部会」の主査を務めたことから、当然のことのように執筆を引き受けることになったのだが、フーの訳本同様全く売れなかった。むしろ、出す前から売れるはずがないことはわかっていたといった方があたっている。なぜなら代数的方法は精巧すぎて気まぐれな王女を御すことができず、〝役に立たないＯＲ〟の代表と見られていたからである。

１５００時間以上もかけて書いた本だったが、私はこのあと一度もこれを開いてみる気になれなかった。しかし20年たったいま、私はやはりこの本を書いておいてよかったと思うようになった。なぜなら１９９０年代末以来、代数的方法（ゴモリー・カットやファセット・カット、そして離接カット）などが劇的な復活を遂げるのだが、代数的方法を体系的に取り扱った教科書は（海外を含めても）この本しかないからである。

「整数計画法研究部会」が活動していた１９７０年代半ば、整数変数が２００個程度の問題しか解けなかったのに対して、いまでは（問題にもよるが）数千変数の問題が解けるようになったのは、代数的方法に負うところが大きい。代数的方法の復活は、〝美しい理論は、結局は役に立つ〟という定理の正しさを証明している。いま売れなかったこの本を広げて、「当時はこんなことまで理解していたのか」と感無量の思いがこみ上げる。

三冊目の『整数計画法と組合せ最適化』は、ＯＲ学会の整数計画法研究部会のメンバー10人が協力してまとめたもので、『非線形計画法』と同じ日科技連出版社のＯＲライブラリーの一巻である。当初執筆を引き受けることになっていた人が、管理職に就いたため本を書いている時間がなくなり、整数計画法研究部会が肩替わりすることになったものである。

全体で３４０ページ、しかも数学的にレベルの高いこの本は、当初あまり売れなかったが、そのあとの「組合せ最適化法」の発展に後押しされて、20年近くにわたってこの分野の基本的文献として多くの研究者に参照された。

本来であれば、これらの教科書はもっと早い段階で改訂を施すべきだったが、やっと時間ができたころには、出版社がコストのかかる作業に投資する余力をなくしてしまったのは残念なことである。

第三章
新しい胎動——1980年代のOR

文系スター集団を驚かせた線形計画法

8年間勤めた筑波大学から東京工業大学に移籍したのは、1982年の4月である。以後私は、停年を迎えるまでの19年間をこの大学で過ごすことになるのであるが、ここに採用されたのは僥倖としかいいようがない。

東京工業大学人文・社会群は、古くから文系一匹狼たちの拠点として知られていた。当時の代表的メンバーは、吉田夏彦(哲学)、前原昭二(論理学)、永井陽之助(政治学)、江藤淳(文学)、香西泰(経済学)、道家達将(科学史)教授らである。

私が招かれたのは、前任者の病死で空席となった統計学ポストである。「東京工業大学」の

「文系組織」の「一般教育統計学」は二重、三重に入り組んだポストである。このため、後任人事は難航し、2年近くたってやっと決まった候補が辞退したあとは、完全なデッド・ロックに乗り上げてしまった。しかし弱小組織としては、2年以上ポストを空席にしておくわけにはいかない。

こうして、吉田夏彦教授が持ち出した〝理系の中で最も文系に近い候補〟が全員の支持を得ることになったのである。推薦理由は、スタンフォード大学統計学科の修士号をもっていることと、1968年に出した『21世紀の日本』という本の著者であることの二つだったという。

スタンフォード大学に留学中、私は資格試験にパスするため、それまで逃げまくっていた統計学関係の科目を履修せざるを得なくなった。「数理統計学」6単位、「確率過程論」6単位、「統計的決定理論」9単位などである。ところが、OR学科の「待ち行列理論」、「在庫理論」、「信頼性理論」などの確率モデル関連科目は、統計学科の科目としても認められており、これらを足し合わせると、統計学修士号に必要な45単位を履修したことになったのである。

このことに気づいた私は、300ドル払ってこの学位を取得した。1ドル360円の時代だから、300ドルといえば、日本での3ヵ月分の給料に相当する。すでに工学修士号をもっていたにもかかわらず、この学位を取得した理由を一言でいえば、統計学にコンプレックスをもっていたためである。

日本に統計学科はない。したがって統計学修士号は日本では希少価値をもっていた。そのうえスタンフォード大学の統計学科は、世界のトップにランクされている名門だから、300ドルの価値があると判断したのである。いま考えれば、この投資の収益率は10万％を超えていた。その後のすべての幸運は、東京工業大学移籍とともにやってきたからである。

一方『21世紀の日本』は、日本政府が明治100年を記念して募集した懸賞論文で最優秀賞を得たものを下敷きにして書いた本である。学術的価値は乏しいが、世間ではかなり評判になったため、文系スターたちの多くはこの本の存在を知っていた。

当初私に与えられた仕事は、週3コマの講義がすべてだった。それもいわゆる一般教育科目である。理工系学生にとっては、一般教育の文系科目は単位がとれさえすればよい骨休め科目である。中でも一年生向けの「総合A」はその代表というべき科目で、クーラーのない大教室で250人を相手にするこの講義は、学生たちとの「決闘」だった。

幸い、講義内容は自由に設定してよいことになっていたので、私は「数理決定法」の看板を掲げ、ORの初歩を講義することにした。線形計画法や決定分析、ゲーム理論などの入口を解説するついでに、この分野に興味をもつ学生たちに、経営システム工学科や情報科学科に進むように誘導してやろうと考えたのである。この試みはある程度成功した。実際、最前列で熱心に講義を聞いてくれた20~30人の学生の中には、目論見どおりにこれらの学科に進み、ORの専門家になった人もいる。しかし問題は、残りの200人とどうつきあうかである。

試験だけで成績をつけようとした1年目は、まともに点をつければ8割が不合格だった。これに懲りた私は、翌年から出欠を評点に含めることにしたが、250人の出欠を確認するには特別な工夫が必要である。そこで編み出したのが〝超〟出欠法である。この詳細については、この講義をもとにした教科書『数理決定法入門』(朝倉書店、1992年)に書いたのでここでは省略するが、この「ビジネス方法」は日頃から大人数講義に苦労している同業者たちの高い評価をいただいた。

学生の関心をつなぎとめるために、教材はなるべく大学の中で発生する具体的な問題を選ぶことにしたが、10年間続けたこの講義の中で、最も学生諸君の関心を集めたのが、線形計画法を用いたクラス編成法である。

「総合A」の講義は、1200人の1年生が15クラスの中から第1志望から第3志望までの三つを指定し、それをもとに配属を決めることになっていた。これが線形計画問題として定式化されることはORの専門家にとっては常識である。

しかし文系教官たちは、線形計画法を知らない。知っていたとしても、計算機を使って現実問題を解くことなど思いもよらない。したがって当番教官は手作業で3日がかりでこの問題に取り組むのであるが、いつも2割近い学生が志望クラスからはみ出していた。このため毎年100人以上の学生がクラス変更を求めて事務室に押し寄せ、大混乱を引き起こしていた。

1985年に当番が回ってきたとき、私はこの問題を解いてみて、線形計画法の偉力を実感した。1200人の学生のほとんどが、第2志望までに納まるという結果が得られたからである。この結果、学生の不満は一気に解消した。

私はそれまで20年近く線形計画法につきあってきたが、実際の問題を解いたのはこれがはじめてだった。この十数年前に、「国際応用システム分析研究所」で原子力発電システム最適化に関する応用問題を扱ったことがあるが、これはあくまで仮想的モデルに過ぎない。一方のクラス編成問題は、長い間教官と学生を苦しめてきた実際の問題を解決したものである。そしてこの経験を通じて、私はＯＲの応用研究の本当の面白さと重要さを知ることができたのである。

この作業は私に二つの勲章をもたらしてくれた。その第一は、文系教官から最高の賛辞を頂戴したことである。数学と計算機を巧妙に操るＯＲの偉力は、これらのスターたちを完全に眩惑した。この結果、文系集団に紛れこんだ理系人間にとって、この組織は大変住み心地のよいものとなったのである。

第二の勲章は、この結果をもとに書いた論文が『オペレーションズ・リサーチ』誌に掲載され、OR学会の事例研究賞を頂戴したことである。

しかし、この論文が賞を受けるまでの道のりは、平坦なものではなかった。投稿した論文が、あわやボツになりかけたのである。レフェリーが、「単なる線形計画法の応用であって、オリジナリティーがない」という理由で拒絶査定を行ったからである。

ORは応用が重要であるにもかかわらず、苦労の末にまとめた応用論文がこんな風に拒絶されることがあっていいはずはない。こう考えた私は猛然と反論した。「理論的にオリジナリティーがないというのはそのとおりだが、既存の方法を用いて現実の問題を解決したことについて適正な評価があって然るべきではなかろうか。1人のレフェリーの意見だけでこの論文がボツになることは痛恨のきわみなので、もう1人のレフェリーの意見も聞いていただきたい」と書いたのである。この抗議を受け取った高森寛編集長は自らこの論文を読み、レフェリーの意見を覆して掲載に踏み切ってくださった。

若いときはレフェリーの無情な判定に打ちひしがれたものだが、理不尽なレポートを書いてくるレフェリーには、断固反論すべきだということを肝に銘じたのはこのときである。

人文・社会群における私の主たる担当科目が「統計学」であることはすでに書いた。修士時代に逃げまくった統計学、そしてスタンフォード大学であれほど勉強したのに、ついに〝わかった感覚〟が身につかなかった「統計学」を、東京工業大学の3～4年生を相手に30コマ分講義しなくてはならないのである。

東京工業大学の一般教育統計学講座は、日本の大学ではじめて設置された由緒ある講座である。このポストに就任した人々の中には、先に紹介した鈴木光男教授や、大学時代の同期生で、後に東大教授となる広津千尋氏などがいる。

しかし1982年時点での一般教育「統計学」のステータスは、設置当初とは比べるべくもなかった。すでに機械系や電気系、建設系の学科では、自前の統計学講義を開設していたから、ここに来る学生は、工学部では(数学の嫌いな)化学系、理学部では(統計学を軽視している)数学系と化学系と相場が決まっていたからである。ときおり、情報や電気からやってくる学生は、すでに十分知っている統計学を一般教育科目の単位充足に使おうとしている厄介な人たちである。

前期15回分の講義は、標準的な統計学をカバーする必要がある。つまりは、分布の話、仮説の検定や推定、分散分析などの標準メニューである。問題は後期の15回である。最初の数年は、回帰分析や多変量解析、最小2乗法などを取り上げいろいろ工夫してみた。しかし専門家でない人間が教えられることは、いずれもとおり一遍の内容である。こうして5年目に入った私は、時間つぶしをしている自分に嫌気がさしていた。

ちょうどこの頃、私は資産運用モデルの研究に関心をもちはじめていた。学生時代に勉強しかけたマーコビッツの平均・分散モデルが、アンドレ・ペロルド(A. Perold)によって新たな生命を吹きこまれたのは、1984年のことである。30年近くそのままになっていた大型平均・分散モデルが、この頃やっと解けるようになったのである。

ペロルドは、ダンツィク教授のもとでPh. D. をとり、若くしてハーバード・ビジネス・スクールのファイナンス教授を務めていた。であるからには、ファイナンスとORは至近距離にあるに違いない。こう考えた私は、Elton=Gruber の教科書『Modern Portfolio Theory and Investment Analysis』を手に取った。そしてこの直感が正しいことを知ったのである。

ここに発生したのがあの大バブルである。この頃すでに統計学の授業の後半部分に平均・分散モデルを取り込んでいた私は、ここに集まるかなりの数の学生が金融ビジネスに就職することを知って愕然となる。割引率や現在価値という言葉も知らずに、金融ビジネスに就職する優秀な理工系学生たち。もちろん彼らは、企業に入ればたちまちキャッチ・アップするだろう。

しかし、学生時代にそのイロハを習ったか習わないかは大違いである。

私は応用物理学科数理工学コースで、多くの数学を学んだ。関数論、フーリエ解析、関数解析はもとより、群・環・体などの代数系、微分幾何学、射影幾何学などである。どれ一つとして十分に消化できたものはないが、学部時代に少しでもかじったことがある概念は、後に本格的に勉強する際にスンナリ頭に入った。

そこで私は1988年を境に、「統計学」の後期15回分をファイナンス理論に入れかえる方針を立てた。これに対する学生諸君の反応はドラマティックだった。そして私はこれに後押しされて、理財工学（金融工学）に本格参入することになったのである

国際数理計画法シンポジウム

1988年は私の「OR人生40年」における最大の転機だった。この年に、その後の研究に大きな影響を及ぼした五つの大事件が起こったからである。

第一はOR学会との共催で開催された「第13回国際数理計画法シンポジウム」の実行委員長を務めたこと、第二はカーマーカー特許事件に足を踏み入れたこと、第三はOR学会に新設さ

れた「投資と金融のＯＲ」研究部会の主査を引き受けたこと、第四は平均・分散モデルにかわる平均・絶対偏差(ＭＡＤ)モデルを提案したこと、そして第五は双線形計画問題の一種である線形乗法計画問題に対する効率的解法を発見したことである。

そこでまず最初に、国際数理計画法シンポジウムについて述べることにしよう。

このシンポジウムは、線形計画法が生まれた１９４７年にシカゴ大学で開催された歴史的な研究集会を起源にもつもので、１９７１年に国際数理計画法学会が成立してからは、３年に１度ずつ北米とそれ以外の地域で開催されることになっていた。

ウィスコンシン大学から戻ってから、私はいずれ遠くない将来、このシンポジウムを日本に誘致したいと考えるようになった。すでにわが国でも、伊理正夫、刀根薫両先生をはじめ、茨木俊秀、小島政和、山本芳嗣、金子郁容、加藤直樹といった若手研究者がすぐれた論文を量産し、世界的に注目される存在になっていたからである。

１９７９年の春、モントリオール大会を前にして届いたのが、当時この学会の会長を務めていたフィリップ・ウォルフ(P. Wolfe)博士の手紙である。「１９８２年に開かれるシンポジウムの候補地として、〝実績のある〟日本を推したいと考えている。３ヵ月後のモントリオール大会で、次回の開催地を決定することになっているので、そのときまでに実施計画を作成し、理事会で提案してもらえないだろうか」という内容だった。

当時の私は、国際会議の開催がどれほど面倒なものかよく知らなかった。しかし、開催までに3年以上もあるからどうにかなるだろうと考え、伊理・刀根両先生に相談したうえでA４用紙5枚ほどの書類を作り、8月末にモントリオールに乗り込んだ。会長から直接依頼があったことからして、〝実績のある日本〟が選ばれる可能性はかなり大きいと考えていた。

しかし2日目の理事会に出席した私は、思いがけない事態に愕然とする。そこではドイツの総帥ベルンハルト・コルテ(B. Korte)教授のグループが、30ページもあろうかという色刷りのパンフレットを使って、ボン招致演説を行っていたからである。

パンフレットの中をのぞくと、西独政府と産業界の全面的支援のもとに、国を挙げての一大イベントとして実施するプランが記されていた。さらにページをめくると、「ライン川下りの船の中の晩餐会」という凄い文字が目に入る。これだけ詳細な計画を立て、政府の支援を引き出すためには、優に1年以上の計画期間が必要だったはずである。したがって、ウォルフ博士の手紙が届いたときには、事実上ボン開催が決まっていたに違いない。

理事会での出来事は、25年後のいまでも消しがたいトラウマとなっている。しかし、モントリオールでのプロポーザルは思いがけない効果を生んだ。その年の暮れに、鈴木久敏氏をはじめとする若手の研究者の間で、国際シンポジウム開催に向けて研究活動の活性化を図るため、研究会を組織する動きがはじまったのである。

この話はトントン拍子に進み、1980年の4月には日本OR学会の中に「数理計画法研究部会（RAMP）」が設置され、私がその部会長に推された。この研究部会は、月1回の研究会のほかに、年1回シンポジウムを開催し、以後20年にわたってこの分野の研究者の拠点としての役割を果たした。

もう一つは、どんな貧弱なプロポーザルであっても、シンポジウム開催に立候補したという事実が残ったことである。新たに会長に就任したシカゴ大学のアレックス・オルデン（A. Orden）教授から、「前回のモントリオールでは残念な結果になったが、次は是非とも東京で開催してもらいたいと考えている。そこで直接会って話がしたい」、という手紙が届いたのは、1984年秋のことである。

こうして私は、スタンフォード大学でオルデン教授と会った。そしてこの会談を通して、私は1988年の日本開催が確実であるという感触を得た。

5年前に比べると、わが国の数理計画法は明らかに1ランク格付けが上がっていた。日本の知性と見識を代表する伊理正夫・刀根薫という2人のすぐれたリーダーのもとに、全国を横断するネットワークが形成され、毎年1度開かれるRAMPシンポジウムには、内外から100人以上の研究者が集まり実力を蓄えていた。東京大学からは伊理門下の室田一雄、今井浩、土谷隆氏ら、東京工業大学からは小島政和氏門下の平林隆一、水野真治氏をはじめとするキラ星のような若手たち、京都大学からは茨木俊秀氏を中心に福島雅夫、加藤直樹氏らのもとですばらしい若手が育っていた。

こうして私は、第一世代の大物たちの支援とわが国の有力な若手研究者に後押しされて、1985年の夏、自信をもってMITに乗りこんだのである。このときの対抗馬は、難しい政治・経済問題を抱えたアルゼンチンだった。研究者の層の厚さや実績からして、敗れるはずのない戦いだった。

シンポジウム実行委員会が組織されたのは、その直後である。組織委員長は伊理正夫、副委員長は刀根薫の両先生、そして実行委員長を私が務めることになった。40歳代半ばの私には荷が重すぎる仕事だったが、それまでの成り行きからして、断る理由を見つけることはできなかった。

世界から約1000人が集まるシンポジウムを実施するには、プログラム、広報、会計、バンケット、会場などに関する綿密な計画を立てることが必要である。そこで、東京地区の数理計画法研究部会の若手メンバー30人に実行委員会への参加を依頼した。

この委員会は、きわめてあてになるエンジニアの集まりだった。すべての仕事が計画どおりに実行された結果、1988年8月末に中央大学で開催されたシンポジウムは、少なくとも表面上は何ひとつ問題なく終了した。ダンツィク先生は、これまでのシンポジウムの中で、最もうまく運営されていたといって褒めてくださった。

ある高名な研究者が、「大学人として国際会議の実行委員長は、一度はやらなくてはならないが、2回やるべきものではない」と述べていたが、私もこの意見に同感である。一度やると、国際会議の運営がどれだけ大変なものかよくわかる。お金集め、組織のマネジメント、外国人との折衝、プログラム作成など。そして開催前の1ヵ月はまさに戦場である。こうして、仲間たちとの間に〝戦友〟のような連帯感が生まれる。また他の国際会議に出席したとき、多少の不手際があっても大目に見ることができるようになるのである。

しかしその一方で、このような会議の裏には、もう二度とやりたくないと思わせるさまざまな事件が発生する。1000人×1週間の会議ともなると、事故や病気で死ぬ人が出ることもあるし、参加費の踏み倒しや、外国人参加者の法外な要求への対応にも苦労が絶えない。また万博協会資金を頂戴するための膨大な書類作りと会計処理などは、二度とやりたくない仕事である。

　1988年の夏に経験したあの熱気は、いまでは遠い昔となった。しかしこのシンポジウムは、われわれに巨大な遺産をもたらしてくれた。私自身の取り分については後回しにして、ここではわが国の数理計画法に及ぼした影響について述べよう。

　まず第一は、世界の指導的研究者のほとんどすべてが参加したこのシンポジウムを機に、わが国の層の厚い研究者が国際ネットワークにリンクされ、研究活動が活性化したことである。これによって、わが国の数理計画法(OR)の格付けはさらに一段階上昇し、世界第2位の地位を確保するとともに、アジアの盟主としての認知を受けることになったのである。

　第二は、当時学生だった人たちの中から何人もの強力な研究者が育ったことである。久野誉人、松井知己、田村明久、久保幹雄氏に代表される1960年代生まれの研究者は、このシンポジウムを契機に国際社会にデビューしたのである。2002年の春に出版された『応用数理計画法事典』(朝倉書店)は、この世代の層の厚さと実力を示す証拠物件といえるだろう。

　国際数理計画法シンポジウムの日本誘致は、ある意味でワールド・カップの日本開催と同じ効果をもった。プロの選手たちは、世界の頂点に立つプレーヤーを手本に研鑽を積み、実力を高めていった。そしてそれよりもっと大きなことは、日本中の若者たちに与えた影響である。

事実これらの人々の中から、多くの有力な選手が育ったのである。

カーマーカー事件

１９８８年に起こった二つ目の事件は、「カーマーカー特許」事件である。１９８４年に発表されたＡＴ＆Ｔベル研究所のナレンドラ・カーマーカー（Narendra Karmarkar）の線形計画法アルゴリズムがこの年に米国で特許として認められた事件である。

この特許は紆余曲折の末わが国でも１９９３年に成立したが、１９９３年の特許異議申し立てから始まって、１９９６年の無効審判請求を経て、２００２年3月に無効審判取消請求裁判で敗訴するまで、私は少なくとも２５００時間をこの事件に費やした。これに2冊の本、『カーマーカー特許とソフトウェア』（中公新書、１９９５年）と、『特許ビジネスはどこへ行くのか』（岩波書店、２００２年）の執筆に要した時間各５００時間を加えると、合計で３５００時間以上を使ったことになる。

そこでカーマーカー特許については上記の2冊の本に譲り、ここでカーマーカーが数理計画法（ＯＲ）に与えたインパクトについて書くことにしよう。

１９４７年にジョージ・ダンツィクが生み出した単体法は、30年以上にわたる改良の積み重ねによって、１９８０年代はじめには数十万変数の問題を解くことができるようになっていた。10年ごとに解ける問題の規模が1ケタ大きくなるという、「10年で10倍の法則」が30年以上にわたって続いたのである。

この結果、線形計画法は、ＯＲ、システム工学、経営工学、制御工学、経済学、ファイナンスなどの分野における基本的な手法として定着した。しかし、１９８０年代半ばになると、この分野にはある種の閉塞観が漂いはじめた。もうこれ以上単体法を改良することはできないのではないか。それに、もうこれ以上大きな問題を解く必要もないのではないか、といった〝空気〟が醸成されたのである。

１００万変数という巨大な線形計画法モデルを組み立てるには、データの収集や精度の検証に大変な作業が必要とされる。また、得られた解の実装や解釈も容易ならざることである。モデルは複雑になりすぎると、手のつけられないモンスターになってしまう。巨大なモデルを組み立てても、不確実性を抱えた問題にはあまり役に立たないことは、計量経済モデルで実証されている――。

これに対して、ダンツィク教授は全く違う考えをもっていた。１９５０年代に提案した確率計画法を、エネルギー・システムの最適化問題に適用するには、数千万変数の問題を解かなくてはならない。また巡回セールスマン問題のような組合せ最適化問題を解くには、超大型の線形計画問題を繰り返し解かなくてはならない。このためには、大規模問題の特殊構造を取り入れて、単体法をより一層改良する必要がある。これがダンツィク教授の立場だった。

1970年代はじめに設立された、スタンフォード大学の「システム最適化ラボラトリー」では、ダンツィク教授のリーダーシップのもとに M. Saunders や B. Murtagh らが、単体法の効率をさらに改良するための研究を進めていた。

ここに登場したのが、カーマーカーである。単体法とは全く異なるアイディアをもとに、従来より100倍速い方法を〝発明した〟というのである。技術の世界では、従来よりすぐれたものが登場しても、ユーザがそれまで使っていた技術を捨てて、すぐに新しい技術に乗りかえてくれるとは限らない。乗り換えに必要となるコストのためである。

しかし、10倍すぐれた技術となると話は別である。LPからコンパクト・ディスクへの急激な移行は、後者が前者より10倍以上優れた性能をもっていたために起こった。それが100倍となったら、古い技術はあっという間に捨てられる運命にある。

1984年秋の『ニューヨーク・タイムズ』の一面は、これで従来の難問たち(巡回セールスマン問題など）が解けるようになると書いていた。しかし専門家たちの反応は冷めたものだった。巡回セールスマン問題が、線形計画問題とは全く別種の難しい問題（ＮＰ完全問題）であることは、専門家ならば誰でも知っていた。それはひとまずおくとしても、これは10年ごとに繰り返されてきたあのバカ騒ぎの一つではないだろうか。１９６０年代のHuard、１９７０年代の Scolnik と Khachian。これまで多くの人が新しい解法を発表してきたが、40年経っても単体法の壁を打破することはできなかったのである。

しかし１９８４年に、『Algorithmica』誌にカーマーカーの論文が掲載され、射影変換法が理論的にすぐれた多項式オーダーの解法であることが確認された。１９８５年の秋、日本ＯＲ学会での刀根先生の講演で、この解法の概要を知ったときに受けた衝撃を、私はいまでもよく記憶している。線形計画問題という平らな世界の問題を、射影変換というワイルドな方法で強引にねじまげて屈服させる方法！

１９８０年代末以降、優秀な研究者が雪崩をうってこの分野に参入し、数理計画法（ＯＲ）の歴史上最も熾烈な研究競争が繰り広げられた。そして結果的に『ニューヨーク・タイムズ』の記事が正しかったことが証明されるのである。

カーマーカーは、インド人としてはじめてのノーベル物理学賞を受賞したラマン博士を叔父にもつ超エリートの家に生まれ、インド工学科大学を卒業したときには大統領メダルを獲得し、米国にわたってからは、カリフォルニア大学バークレー校でリチャード・カープ教授のもとで博士号を取得したあと、間もなく射影変換法を〝発明〟。

出自、才能、業績ともにピカピカの大天才、しかもまだ28歳の若さである。ここでもしカーマーカーが、多少の謙遜をもち合わせていたならば、未来は変わっていただろう。しかし、世界を変えるような仕事をする人物は、ふつうの尺度で測ってはいけないのかもしれない。

カーマーカーは、このあとAT&Tベル研究所のフェロー（特別研究員）となり、1991年には国際数理計画法学会と米国数学会が共同運営しているファルカーソン賞を受賞する。1984年の舌禍事件、1985年のMITシンポジウムの警護つきの招待講演、1988年の特許取得で悪名高いカーマーカーだが、線形計画法の歴史を塗りかえた内点法の提案者を、学会としては何らかの形で表彰する必要があった。そこで表彰委員会は、最も自然な形でダンツィク賞を贈ろうとしたのであるが、ダンツィク教授はこれを拒否。この結果、苦肉の策としてファルカーソン賞を贈ることになったのである。

カーマーカー法が出現したときの、ダンツィク教授の思いは複雑だったはずである。単体法を凌ぐ方法が出現すれば、自分の築いてきた単体法王国は過去のものとなる。その一方で、自分が考えている超大型問題が解ける時代がやってくる。

さて、カーマーカー法が単体法を上回る性能をもつことをはじめて実証したのが、ダンツィク門下のイラン・アドラーである。この人が、カーマーカーと共同で、アフィン変換法が単体法を凌ぐ方法であることを示す論文を発表したのは、1986年のことである。ダンツィク教授の高弟アドラーが、ダンツィク教授と敵対するカーマーカーと組んで、ダンツィク城の壁に致命的な穴をあけたのである。

1975年にノーベル賞を逃したとき、ダンツィク教授が受けたショックは大きかったはずである。その選考はあまりにも不可解であり、世界中からこれを非難する声がわき上がった。アロー、サミュエルソンなどのノーベル賞受賞者たちもこれに加わった。したがってこのときダンツィク教授は、いずれ何年か後に受賞する可能性があると考えたはずである。

カーマーカー法が誕生したとき、ベル研究所はノーベル賞をねらっていた。そしてこれが成功すれば、当然のこととしてダンツィクと共同受賞になるはずだった。しかしこれは遂に実現されることはなかったのである。

私自身はこれまで3回、カーマーカーと直接話をする機会があった。1回目は1985年の春に、小島政和教授の招きで東京工業大学を訪れたときである。このころすでに悪名は高まっていたが、直接会った印象は、刀根先生もいうとおり、「いわれている程のワルではない」というものだった。事実このときカーマーカーは、小島教授や刀根教授とうちとけた情報交換を行っている。小島軍団が、カーマーカー法打倒につながることになる活動を開始したのはこの直後のことである。

2回目は、1988年の東京での国際シンポジウムである。このときカーマーカーは、50ページもあるレポートを持ち込み、実行委員会の費用で150部コピーして会場で配布せよという要求を突きつけてきた。これは本来、発表者が負担すべき費用であるとして私はこの要求を蹴ったが、これをそばで見ていた委員たちは、激しい言葉のやりとりに驚いたようだった。米国では当たり前の、〝ダメモト〟要求であることを見抜いた私の勝ちだった。

3回目は、1990年にAT&Tベル研究所を訪れ、ポートフォリオ最適化に関する情報交換を行ったときである。このとき私は、研究仲間を睥睨するカーマーカーの尊大な振舞いに肝をつぶした。米国の数理科学者の間では、一度も見かけたことのないこの不遜な態度に、これでは研究チームは長続きしないのではないかと危惧したのである。案の定カーマーカーは、間もなくベル研究所の中で孤立する。そして1990年代末に突然ベル研究所を退職し、まるで亡命者のように米国を去るのである。

カーマーカーの不運は自ら播いた種が原因である。しかし、いまになって考えると、カーマーカーは、AT&Tベル研究所の異常な経営戦略の犠牲者だったような気もするのである。もしベル研究所が1960年代の栄光を維持していたら、カーマーカーはいまも米国で数理計画法のリーダーとして活躍していたのではないだろうか。

「投資と金融のOR」研究部会

OR学会の理事たちの間で、投資や金融の分野により本格的にコミットすべきだという議論が持ち上がったのは、1987年のことである。このような場合、学会としては「研究部会」を組織するのが常道である。この結果、当時編集担当理事を務めていた私に、この部会の主査を探す仕事が降ってきた。

実はこの2年ほど前、スイスのOR学会から日本OR学会に対して、「銀行業務のOR」に関する共同研究の提案があった。このとき理事を務めていた私は、協力者探しを行ったが、有力なOR研究者のほとんどは、〃お金の研究〃には冷淡だった。「銀行のOR？　そんなことより、先にやるべきことはたくさんある」、「いまさら怪し気な分野にコミットして、リスクをとるインセンティブがない」」、などなど。

すでに既成の分野で実績を積んだ(関東地区の)研究者は、誰もこの仕事を引き受けてくれなかった。2年前にこのようなことを経験した私は、ここで人探しをするより、自分が引き受けた方が楽だと考えた。

当時私は、ファイナンス理論に対して、ウッスラとした関心をもちはじめていた。学生時代以来、マーコビッツのポートフォリオ理論が気にかかっていたこと、ペロルドの大規模平均・分散モデルの解法や、ハリソン＝クレプス＝プリスカの無裁定価格づけに関する業績を耳にしていたこと、そして日経データ・バンクと共同で行った債券ポートフォリオ・モデルの研究が、米国でかなりの関心をもたれたことなどがその原因である。

1987年の秋、研究部会の主査を引き受けるにあたって、私は標準的なファイナンスの教科書を集中的に勉強することにした。そして丸善の洋書売場で、エルトン＝グルーバーの教科書『Modern Portfolio Theory and Investment Analysis』との〝運命的な〟出会いを果たしたのである。

ニューヨーク大学のビジネス・スクールに勤める2人の「野村プロフェッサー」が書いたこの教科書は、細かい数学的記述を省いたものだったが、ファイナンス理論とは何なのかを知るうえで、必要にして十分な内容が盛られていた。そして私はこの本によって、ファイナンスがORと直結していることを知ったのである。

後に「金融工学」の専門家になってから、私は経済学者が書いた標準的教科書に目を通してみた。しかし私はどれも途中で放り出してしまった。奥深いが、すぐには役に立ちそうもない理論が詳しく説明されていたからである。

先の短いエンジニアとしては、いつの日にか役立つ（かもしれない）深遠な理論を勉強するより、先にやるべきことがたくさんあった。いまにして思えば、もしあのとき丸善でエルトン＝グルーバーではなく、経済学者が書いた教科書を手に取っていたら、私はこの分野の専門家になろうともなれるとも、思わなかっただろう。

その後も、金融工学に関する教科書はたくさん出版された。その中身はピンからキリまであるが、ORの世界の住民に最も向いているのは、教科書作りの名手デビッド・ルーエンバーガー教授の『Investment Science』（邦訳『金融工学入門』、日本経済新聞社）であろう。

われわれエンジニアには、抽象的議論に終始する経済学スタイルより、具体例をもとに議論を組み立てる教科書の方がフィットするからである。いったんこの教科書をマスターすれば、そこから先にはいろいろな本が用意されている。ちなみに、経済学スタイルの代表的教科書、

『Dynamic Asset Pricing』の著者ダレル・ダフィー(D. Duffie)が、ルーエンバーガー教授門下のエンジニアだったということは、誠に興味深い事実である。

1988年4月に「投資と金融のOR」研究部会の主査に就任したとき、私はファイナンスの研究者としてはかけ出しだった。したがって研究部会が順調な活動を続けていくためには、実績のある研究者を引き込むことが必要だと考えた。

そこで私は、当時日本におけるこの分野の権威といわれていた、小林孝雄東京大学助教授の協力を求めることにした。この人は東京大学工学部を卒業したあと、経済学部の大学院を経て、スタンフォードのビジネス・スクールに留学し、ゲーム理論でPh. D. をとった。このあと、ハーバード大学の助教授ポストに就き、1年後に東京大学に呼び戻されたという折紙つきの秀才である。

同氏がスタンフォード大学のビジネス・スクールに留学していた頃、OR学科出身のハリソンとクレプス(D. Kreps)が、金融資産の価格づけに関する根源的な問題に取り組みはじめていた。そして、彼らが1978年と1981年に証明したハリソン＝クレプスの定理とハリソン＝プリスカの定理は、いずれノーベル経済学賞を受賞するのではないかといわれるほどの高い評価を得た。

この理論は数理計画法と確率過程論をドッキングさせたもので、彼らがこれらの大定理を証明できたのは、スタンフォードのＯＲ学科で二つの分野を徹底的に叩きこまれたことと無縁ではない。この学科の教育方針は、後年理論偏重と批判されることになるのであるが、ハリソン＝クレプス＝プリスカ理論は、この教育方針がなければ生まれなかっただろう。

１９７０年代はじめに、ロバート・マートン（R. Merton）らが「伊藤の理論」を用いてデリバティブ理論を構築したあと、これをフォローして基礎固めを行ううえで、ＯＲ学科における数理計画法と確率過程論に関するバランスのとれたカリキュラムが、決定的役割を果たしたのである。

話が少しずれてしまったが、「投資と金融のＯＲ」研究部会に話を戻そう。私はこの会の発展のためには、有力な経済学者の協力を求めることが不可欠だと考えた。しかし当初うまくいくかに見えたこの協力関係は、長続きしなかった。経済学者が志向するファイナンス理論と、エンジニアがめざす金融工学との間には、物理学と機械工学と同じくらいの違いがあったためである。

その一方で、「投資と金融のＯＲ」研究部会は、金融ビジネスに勤めるエンジニアたちの圧倒的な支持を獲得し、毎回１００人近い技術者で溢れ返った。すでに何百人もの優秀なエンジニアが、金融ビジネスの中核的仕事を担うべく参入していたが、彼らが情報交換を行う場所はここ以外にはなかったためである。

当時もいまも、金融ビジネスは秘密主義に覆われており、自ら開発した技術を公開しようとしない。このあたりは、基礎技術を共有したうえで、付加価値で競合する製造業と比べると決定的に異なっている。

技術の発展のためには、多くのエンジニアがあるレベルの知識を共有することが必要である。この研究部会のねらいは、金融ビジネスの秘密主義に風穴をあけることだった。そしてここに集まる技術者たちは、その主旨に賛同してくれた人々である。しかし彼らの多くは、研究成果を公開することを上司から禁止されていた。この結果、企業における先端的な研究は、仮に公表されたとしても、きわめてあいまいな情報しか提供されなかったのである。

こうなると、頼みの綱は大学関係の研究者である。ところがすでに書いたとおり、ＯＲ学会の有力メンバーたちは、なかなかこの分野に参入しようとしなかった。エンジニアの間には、抜き難い金融アレルギーがあったのと、せっかく実績を積んできた分野から脱け出して金融というリスキーな分野にかかわりあうのは、あまりにもリスクが大きかったせいである。

このため講演者探しは難航をきわめた。ただで話をしてもらおうというのだから仕方がないが、頼んでは断られを繰り返すうち、自分たちで発表を引き受ける方がよいということがわかってきた。そこで私は自分自身と同僚の白川浩氏に年2回、その他の同僚に年1回の発表をノルマとして割りあてた。そしてこのノルマを達成すべく、エンジン全開で研究に取り組んだ。この時代の研究成果をまとめたのが、2冊の本『理財工学Ⅰ、Ⅱ』(日科技連出版社、1995、1998年)である。

私が理財工学に本気で取り組む気になったのは、いくつかの必然的な理由があったためである。学生時代に平均・分散モデルをかじっていたこと、債券ポートフォリオ問題との取組み、スタンフォード大学で一緒に勉強したハリソン、プリスカたちの活躍、そして「投資と金融のOR」研究部会の主査を務めたことなどである。しかし、東京工業大学の自由な研究環境がなければ、私はこの分野にかかわることを躊躇していただろう。

当時の東京工業大学には、他人が何を研究しようが大目に見る土壌があった。エンジニアたちは自分の研究に忙しく、他人がやっていることに口をはさむ時間的余裕がなかったせいかもしれない。しかも、この研究にとりかかった頃に所属していたのは、文系組織の人文・社会群だった。純正エンジニアたちから見れば、この組織に属する擬似エンジニアが何をやろうが、それは宇宙人たちの仕業に過ぎなかったのである。

もしこれが有力総合大学(たとえば東京大学)の工学部ならどうだっただろうか。おそらく、工学部のアイデンティティーを重視するエンジニアたちは、お金の研究に手を染める〝怪し気な〟エンジニアに、何か一言いわずにいられなかっただろう。またお金の専門家集団を自任する経済学部に対する遠慮もあったに違いない。

たった一言でも人間はやる気を失うことがある。有力国立大学のエンジニアたちは、先輩や同輩からこのような言葉をあびせられたか、そうされることを警戒したのだろう。こうなると、あてにすべきはまだ失うものの少ない若い研究者たちである。白川浩、竹原均、中里宗敬、枇々木規雄、葛山康典、鈴木賢一氏らは、学生時代からこの研究部会に参加して、研究実績を積んだ人たちである。

OR学会の規約によれば、研究部会の存続期間は2年で1年間は延長可、さらに延長する場合には、主査と幹事を入れかえたうえで、部会の名前も変更しなくてはならない。特定の人物やグループが、研究部会を私物化することを防ぐために決められた、賢明なルールである。

3年目に入った1990年には、バブル崩壊ははじまっていたが、その後に控えている大崩落を見通した人はほとんどいなかった。エンジニアたちは、いずれ自分たちが金融ビジネスの中核を担う時代が来ると信じていたはずである。このため3年目の半ばを越えても、研究部会の参加者は50人を超えていた。何十人もの常連たちが、この研究部会を拠点として活動を行っている以上は、3年で解散するわけにはいかない。

厄介な仕事を引き継いでくれたのは、福川忠昭、枇々木規雄の慶応大学コンビである。新しい部会名は、投資と金融を入れかえた、「金融と投資のOR」研究部会である。その後のバブル大崩壊と、金融工学の〝冬の時代〟を考えると、福川氏たちには誠に申し訳ないことをしたという思いが残る。しかし、この頃はまだよかったのである。そのあと1994年にこの会を引き継いだ東京工業大学の古川浩一、中里宗敬コンビのご苦労は、これをはるかに上回るものだったはずである。

主査を外れても、依然として私はこの研究部会に全力投球するつもりでいた。ここに降ってわいたのが、その前年に発足した「応用数理学会」からの依頼である。学会設立の仕掛人の1人である森正武教授を通じて、ファイナンスにかかわる研究部会を設立して貰えないか、という依頼が舞い込んだのである。

ありがたい提案ではあったが、OR学会の活動と重なる部分が多いこの仕事を、軽々に引き受けるわけにはいかなかった。そもそもこの時代、関東地域の理工系大学でファイナンスを研究している人は十数人に過ぎなかったし、そのほとんどはOR学会の研究部会の常連だったたからである。これらの人々がゴッソリ抜ければ、ＯＲ学会としては大打撃である。

しかし実をいえば、数理を重視する研究者たちは、研究会があまりにも賑やかなことに苛立ちはじめていた。１００人近い参加者の９割が企業の実務家で占められている研究会で、数学的に踏みこんだ議論をすることはできないからである。

第四章
新時代への助走——1990年代のOR

ORと金融工学

ＯＲ学会はファイナンス理論の老舗である。しかし製造業をベースに活動してきた多くの研究者にとって、金融ビジネスの隆盛は不愉快を通りこして許し難いことに映っていた。金融ビジネスは、優秀な工学部の学生を大量にスカウトしておきながら、彼らを適正に処遇していなかったからである。製造業の経営者は、この風潮を黙認している理工系大学に善処を申し入れてきたくらいである。当時の金融ビジネスは製造業の敵だったのである。

このような状況のもと、私は金融工学を研究するうえで、ＯＲ学会だけを頼りにするのはリスクが大きすぎると考えていた。果たして（工学系の研究者の集まりである）ＯＲ学会が、金融工学の研究者をこれから先も支援してくれるかどうか、確信がもてなかったのである。

この分野が生き延びていくためには、ファイナンスの数理(確率過程論、最適化理論、シミュレーション技術など)をじっくり研究するための組織を、OR学会の外に作っておくことが必要かもしれない。こうしていったんは応用数理学会の依頼を断った私は、学会の重鎮である伊理正夫先生からかかってきた電話で肚を固めた。もちろんそのためには、OR学会とのコンフリクトが生じないよう、福川主査の了解を取りつける必要があった。

福川氏との話し合いは、思った以上にスムーズに進行した。OR学会はファイナンシャル・エンジニアリング(実務に近い分野)を、応用数理学会は数理ファイナンス(数学に近い分野)を中心とする活動を行うということで合意が得られたのである。

当初私は、このような棲み分けが可能かどうかわからなかった。なぜなら第1回の研究会に出てきた人たちのほとんどが、OR学会の研究部会のメンバーだったからである。しかし結果的にこの研究会は、数理ファイナンスの拠点としての役割を果たすことになるのである。

1990年代はじめ、わが国の金融ビジネスは潤沢な資金をもとに、いくつもの大学に冠講座を提供した。東京大学にはハリー・マーコビッツ、フェリム・ボイル(P. Boyle)、フレディー・デルバエン(F. Delbaen)、筑波大学にはスタンリー・プリスカ教授らが半年から1年単位で滞在し、先進的研究の成果を紹介してくれた。

ここに登場するのが、「伊藤の理論」の生みの親である伊藤清教授の高弟、楠岡成雄東京大学教授である。同じバックグラウンドをもつフレディー・デルバエン教授と、その研究仲間である白川浩氏の活動に刺激されて、この人がファイナンス研究に参入してくるのである。

プリンスが乗り出せば、その周辺の研究者や弟子たちもこの分野に目を向ける。はじめはせせらぎのように、そして数年後には奔流のように数学者の参入が進んだ。また白川浩氏とライバル関係にあった木島正明氏が、この部会を足場に本格的な活動を開始したのもこの頃である。

最初の2年間この研究部会の主査を務めた私は、伊藤の確率微分方程式を勉強せざるを得ない状況に追いこまれた。スタンフォード大学時代に、ハリソンがプリスカたちを誘って Ito=McKeanの『Diffusion Processes and Their Sample Paths』を輪読しているのを目にしてから20年以上たっていた。東京工業大学の学長を務めた田中郁三先生の名言、「世の中は自分がやらないで済ませようと思ったことを、結局はやらざるを得なくなるように動くものだ」、が耳から離れない毎日だった。

しかし私はついに、〝わかった感覚で〟数理ファイナンスをマスターすることはできなかった。かつてあれほど勉強したにもかかわらず、結局は身につかなかった確率モデルを、いまここで勉強してみても、この分野で論文を書けるようになるとは思わなかったせいだろう。

また数理ファイナンスは経済学と同様、議論の前提がやや現実離れしているように思われたことも、本気になれなかった理由の一つである。たとえば、オプション価格にかかわるブラック＝ショールズ理論はきわめて美しい。しかし、エンジニアとしては、現実の市場において「無リスク金利やボラティリティーが一定である」という仮定を受け入れることにはやや抵抗がある。金利の確率モデルとなるとさらに人工的である。パラメータをどうやって推定するのだろう？

数理ファイナンスは、巧妙な前提のもとで奥深い研究を進めていく。現実と比べてこの理論は美しすぎる‼　しかし、確率論や統計学にコンプレックスをもつ私は、これを口にすることはできなかった。

応用数理学会は、数値解析の分野の研究者が中心となって組織された学会である。森教授たちが、われわれに部会設立を要請した最大の理由は、「ファイナンス」という新しい分野を取り込むことによって、学会のイメージ・アップを図ることであった。しかし私は、このように考える人が少数派であることを知っていた。研究部会発足にあたって会長の山口昌哉教授が、

「あまり目立たないように活動してください」と申し入れてきたからである。

つまりは、ファイナンスという(怪し気な)分野があまり繁盛すると、堅気の研究者の集まりとしては具合が悪いということである。こんな電話をくださるからには、指導部の中に強い反感があるのだろう。工学部の教授たちが金融ビジネスに対してもっている反感ほどではないにしても、数学者たちも似たような感情をもっていることは十分にありうる話である。

数理ファイナンス部会の発足が決まった1ヵ月後、今度は全く思いがけない方向から声がかかった。一橋大学の刈屋武昭教授が、「新しい学会を設立することになったので協力してもらえないか」という。同氏が率いる統計学者集団とOR研究者が協力して、経済・経営系の人々のファイナンス支配を打破するための新学会を旗上げする計画である。

刈屋教授とは、プリスカが編集長をつとめる『Mathematical Finance』誌の編集委員として共通の土俵で仕事を行ってきたが、個人的なつき合いはなかった。しかし電話で話をしているうちに、同氏がわが国のファイナンス研究について、私と良く似た意見をもっていることを知った。

わが国では、この分野は長い間経営学の一部と位置づけられてきたが、この人たちは、X先生の系列もしくはY先生の系列の人でないと、研究発表すら受け付けてもらえない状況にある。このため、研究者は内輪の評価を重視した研究に力を入れるようになり、国際的評価に耐える研究成果が出にくい構造になっているというのである。

一橋大学の統計学者と、東京工業大学のＯＲ研究者が手を組んで、金融工学を研究する学会を設立する――。これは大変魅力的な提案だった。しかし、応用数理学会の研究部会を発足させたばかりの私は、新学会に本格的にコミットするわけにはいかなかった。

１９９３年に「日本金融・証券計量・工学学会（ＪＡＦＥＥ）」が設立されたとき、大学関係の役員の多くは統計学者もしくは計量経済学者で、ＯＲ関係者は私１人だけだった。なじみのない集団に紛れこんだ私は、最小限のおつき合いで済ませようと考えていたが、剛腕刈屋氏が次々と打ち出す企画に引き摺り込まれていった。そして１９９６年には、刈屋氏のあとを継いでこの学会の会長を引き受けることになったのである。

統計学者、計量経済学者と金融ビジネスのエンジニア集団をまとめていくのが、どれほど大変な仕事か読者には想像もつかないだろう。自信のない私は、安全策として刈屋教授が敷いた路線を完全に踏襲することにした。年４号の英文論文誌の編集、年１号の和文誌の編集、コロンビア大学との合同シンポジウムの企画と実施、年２回の研究発表会での講演、実務家たちとの懇談会など、すべての活動を会長が仕切るシステムになっていた。

刈屋ルールによれば、これを二期4年間勤めなくてはならないのだが、私には一期でも十分過ぎた。一期目を終える頃に持ち上がったのが、東京工業大学の「理財工学研究センター」設立構想である。これはこれで大変な仕事だったが、このおかげで二期目を免除してもらえたのだから、運がよかったと言うべきだろう。

１９９０年代半ば、投資と金融にかかわる理工系人材の活動拠点として、ＯＲ学会、応用数理学会、ＪＡＦＥＥが鼎立した。しかしバブル崩壊の中、どのグループも厳しい冬の時代を迎える。不良債権処理にともなうコスト削減の中、金融ビジネスから離脱するエンジニア、外資などにスカウトされるエンジニアが大量に発生したのである。

しかし、上記の学会に足場を築いていたエンジニアの多くは、冬の時代を生き延びたのではないだろうか。学会というネットワークにつながりをもつ人々は、企業の枠を越えた人的ネットワークによって、互いに支えられていたのである。

ＯＲ学会の研究部会は途中1年の休みをはさんで、14年間にわたってわが国に金融工学を定着させるうえで大きな役割を果たしたが、１９９０年代に入って組織されたさまざまな金融工学研究グループの陰に隠れがちとなった。

応用数理学会、ＪＡＦＥＥのほかにも、１９９８年に「ファイナンシャル・プラナーズ学会」、２０００年に「不動産金融工学会」、２００３年に「年金・保険リスク学会」、２００６年に「日本リアル・オプション学会」などが設立されたためである。

すでに述べたとおり、日本ＯＲ学会は工学系の学会としては金融・財務研究に関するパイオニアである。実際、われわれが参入する前に、何人もの有力な研究者がＯＲ学会を土俵としてこの分野の研究を行ってきた。飯原慶雄、田畑吉雄、沢木勝茂らの諸氏である。しかし、世間の期待や執行部の肩入れにもかかわらず、ＯＲ学会の中ではこの分野の研究者はなかなか増えなかった。

一方、米国のＩＮＦＯＲＭＳにおいては、『Management Science』誌のファイナンス・セクションには長い歴史があるし、『Operations Research』誌も１９９０年代にファイナンス部門を新設している。また米国においては、有力大学のＯＲグループが金融工学に乗り出している。ビジネス・スクールの数理的能力が十分とはいえない学生に対して行える教育には限界があるためである。わが国でも、理工系部門が徐々に金融工学に目を向けはじめているが、米国に対抗するためにはまだまだ不十分な状況にある。

金融工学にはＯＲで開発された手法、すなわち数理計画法、確率過程論、シミュレーション、決定分析などのすべて手法を総動員することが求められている。そしてこれらの分野の人材を最も多く擁しているのはＯＲ学会である。それにもかかわらず、ＯＲ学会員の多くは長い間金融工学を敬遠してきたのである。

しかしここ数年の間に、状況はかなり変わった。〝こんな人までが〟というほどの有力な研究者たちが、続々とこの分野に参入している。２００２年に科研費の「社会システム工学」領域の中に、金融工学が正式に位置づけられたことがこの動きを後押ししている。この結果、２００４年3月に早稲田大学で開かれた研究発表会以来、金融工学セッションは常時20件を超える研究発表で賑わっている。また２００７年には、木島正明氏を主査とする「ファイナンス研究部会」が再開されたので、ＯＲ学会が金融工学の拠点としての地位を取り戻す日は近いのかもしれない。かねてから叫び続けてきたとおり、「金融工学はＯＲそのもの」なのだから。

一部に「もう金融工学はピークを過ぎた」という声があるのは承知している。しかし私は「金融経済学の時代は終わったかもしれないが、金融工学はまだこれからだ」と考えている。それは「ニュートン力学は完成したが、機械工学の分野ではやるべきことが沢山ある」のと同じことである。実際エンジニアたちが組織する研究集会では、いままさに第三次金融工学革命が進行中だという声すらある。マーコビッツ＝シャープの第一次革命、ブラック＝ショールズ＝マートンからハリソン＝クレプス＝プリスカにいたる第二次革命、そして21世紀に入ってからの〝リスク革命〟がそれである。金融工学の基礎となる経済理論はひとまず完成したが、実務上の未解決の問題はまだまだたくさん残っているし、これからも次々と出てくるに違いない。

一方、終わったはずの金融経済学は、いま、猛烈な巻き返しを図っている。その象徴は、2004年に発足した早稲田大学の「ファイナンス研究科」と、2005年にスタートした東京大学経済学部の「金融専攻」、2007年に設立された「経済学部金融学科」である。経済学部としては、従来にない数理重視のカリキュラムを組むということであるが、やはり金融「工学」は、数理と計算に強いORエンジニアでなければ、米国勢に太刀打ちするのは難しいのではなかろうか。

なお、金融工学をめぐるさまざまな出来事については、『金融工学20年―20世紀エンジニアの冒険』(東洋経済新報社、2005年)をご覧いただきたい。

OR王国の悲劇

スタンフォード大学OR学科は、1985年の夏、創立20年を記念して盛大なパーティを開催した。キャンパスの中心部にあるトレシダー記念会館には、200人近い関係者が集まって学科の隆盛を祝うとともに、その一層の発展を祈願したのである。

1968年にスタンフォード大学に留学したとき、この学科はアロー、ダンツィク、カルマンの三大看板教授を擁し、全米一の地位を確立していた。MITのスローン・スクール、バークレーのIE／OR学科、コーネル大学のIEOR学部にも有力なスタッフが揃っていたが、三大教授と6名の専任教授のほか、8名の有力兼任教授を揃えたこの学科には及ばなかった。ダンツィク教授は50歳代に入っていたが、アロー、カルマンは40歳代だったし、そのほかの教授たちはまだ30歳代の若さだった。

OR学科設立の10年以上前から、スタンフォード大学は数理科学やORのセンター・オブ・エクサレンスだった。たとえば、1950年代末にスタートした、「社会科学における数理科学の応用プログラム」での Arrow=Karlin=Scarf らの在庫管理モデルの研究や、Arrow=Hurwitz=Uzawa の数理経済学の研究は、時代の最先端をいくものだった。また1960年代はじめには、動的計画法のリチャード・ベルマン(R. Bellman)やマルコフ決定過程のロナルド・ハワード(R. Howard)らもここに研究拠点を置いていた。

大学院のORプログラムがスタートしたのは1960年代はじめであるが、統計学科のリーバーマン教授が中心となってOR学科を設立したのは1965年のことである。折から、米国内でのカリフォルニアの地位向上とともに、かつては「西部のブルジョア大学」と評されたスタンフォード大学は、急成長過程に入っていた。

カリフォルニアは、一年中初夏のような気候に恵まれている。私が3年間でPh. D. をとることができたのは、いつもコンスタントに勉強にうちこめる気候条件に負うところが大きい。カリフォルニア・サンシャインは、落ち込んだ気分をたちまちもとに戻してくれる。

隣接するマウンテンビュー、サンノゼを含むシリコンバレー地域の発展にともない、1980年代以降住居費が急騰したため、良い教授や学生を集めにくくなったという話も耳にするが、私が留学していた頃はまだそのようなことはなかった。このため、高給と破格のフリンジ・ベネフィットを提示された教授たちは、ハーバード大学やコロンビア大学の招きを断って、スタンフォード大学にやってきたのである。

いったんカリフォルニアの有力大学ポストを手にしてしまえば、誰も零下20度が当たり前のウィスコンシンやミネソタに移りたいとは思わないだろう。スタンフォード大学は、いわばスゴロクの上がりのような大学だった。

平均が40歳代だったOR学科の教授陣は、1人ひとりが一騎当千の強者だった。そして、これらの教授のもとには、全世界から優秀な学生が送り込まれてきた。私が留学したときには、すでにA. Geoffrion、S. Lippman、W. Pierskalla、J. Shapiro、S. Stidham、W. Zangwillなど、次時代を担うスターたちがPh. D.をとり、全米の有力大学で活躍していた。

ところが20年にわたって全米一の地位を維持してきたこの学科は、この時点でピークを過ぎていたのである。すべての組織には盛衰がある。かつてORのメッカであったランド・コーポレーションがそうであったように、一つの組織が20年以上にわたってそのステータスを維持していくことがいかに難しいかを、この学科の歴史は物語っている。

20周年を迎えたOR学科のスタッフは、創設時とほとんど同じ顔ぶれだった。私が卒業した1971年以降、V. Chvatal、M. Wright、C. Papadimitoriou、A. Goldbergといった優秀な若手研究者がやってきたが、ほとんどは数年程度でやめていった。ある人はスタンフォード・カルチャーになじめなかったため、またある人はポストに空きがなかったためである。

ポストがなかった一つの理由は、OR学科が新規ポストを要求できる状態になかったことである。1950年代、1960年代に大発展したORは計算の壁に阻まれ、なかなか実務家たちの期待に応えられるようにはならなかった。このため1970年代以降、この分野への新規ポストの配分は見送られたのである。

もう一つの理由は、1980年代に入って年齢や性による差別を禁止する法律が施行されたことである。つまり、優秀な人であれば70歳を過ぎても教授ポストを維持できるという、歳をとった研究者にとっては〝夢のような〟、その一方で大学としては〝悪夢のような〟制度が確立されたのである。

70歳で退職するはずだったダンツィク教授が、これからあとも当分の間教授ポストに留まるということを知った私は、パーティ会場で複雑な気持ちを味わっていた。

ダンツィク教授は、学科創設当時から15年以上にわたって、この学科の研究資金100万ドルの半分近くを稼ぎ出すドル箱教授だった。OR学科の教授・学生たちだけでなく、他学科の教授たちも、この潤沢な資金の恩恵を受けていたのである。ひところは、この大黒柱がいなくなってしまえば、たちまち学科が崩壊してしまうといわれたほどである。

ダンツィク教授が退職すれば、OR学科の財政状態は悪化する。だからもう少し頑張って欲しいという気持ちはわからないではない。しかし数理系の研究者が、70歳を過ぎても教授ポストに留まり、後進に道を譲らないというのはやや問題ではないか――。

OR学科の教授たちの大半は、〝理論〟研究者だった。ところが、理論研究者の研究者生命は、(数学者ほどではないにしても)それほど長くはない。実際、60歳を過ぎてもそれまでと同様な研究実績を上げることができる人は、そう多くはないのである。

20周年パーティが開かれた1985年、教授たちの平均年令は60歳を超えていた。学生としては、たとえ過去にどんな実績があっても、60歳を超えた教授よりは若くアクティブな教授の指導を受けた方が有利である。こう考えると、この学科にかつてのように優秀な学生が集まりにくくなっても不思議はない。

こうしてこの学科は、着実な老化への道をたどった。そして1980年代には理論研究の王座をコーネル大学に譲り渡し、10年後の1996年にはEngineering Economic Systems（EES）学科との併合を余儀なくされてしまった。

この時点で、ダンツィク教授をはじめとする何人かの教授は退職の道を選んだ。しかし悲劇は終らなかった。1990年代に入り、Eaves教授らが応用プログラムをスタートさせたが、OR-EES連合学科は2000年に、かつては古色蒼然と揶揄されたIndustrial Engineering（IE）学科と合併して、「Management Science and Engineering」学科として再出発することになったのである。

この学科のOBであるMITのトム・マグナンティ教授は、このとき「これであの学科もよくなるだろう」と言っていたが、その予想は当たったようである。いまこの学科は、応用研究の中心地として高い評価を受けている。

　米国における大学の実績評価は誠に厳しいものである。世界のトップを行くスタンフォード大学としては、どの学科も常にトップをめざさなくてはならない。年をとった教授たちがやめない以上は、学科再編という荒療治をせざるを得なかったのだろう。この経緯を見るにつけても、私はやはり強制〝定年〟制度はあった方がよいと思うのである。

　ＯＲ学科が全盛を誇った１９６０年代、計算機はスピードが遅くメモリーも少なかった。このため、実用上の大型問題は容易には解けなかった。このような時代にやるべきことは、来るべき時代の基礎作りである。この意味で当時のＯＲ学科の方針は正しかったし、多くの優秀な人材を生み出したのだから、その貢献は十分評価されるべきだろう。そのうえこの時代のスタンフォード大学には、応用を旨とするＩＥ学科とＥＥＳ学科が並存していたのだから、理論中心の学科運営を行うのは当然のことだったのである。

　しかし１９８０年代以降の計算革命によって、それまで解けなかった大型問題が解けるようになる。ＯＲの新たな中心地となったジョージア工科大学のジョージ・ネムハウザー（G. Nemhauser）教授は、１９９０年代はじめに『Operations Research』誌上に、〝最適化の時代〟というエッセイを発表し、ＯＲの真の応用の時代がはじまったことを宣言している。

1984年のカーマーカー法を出発点とする内点法革命によって、10年前には解けないと思われていた100万変数単位の超大型線形計画法がパソコン上で解けるようになったことや、前処理技術や分枝カット法によって、10年前よりはるかに大きな混合整数計画問題が解けるようになったため「最適化の時代」がやってきた、と高らかに宣言したのである。

そしてこのネムハウザー宣言から15年を経た現在、〝10年前には解けないと思われていた〟超大型問題が解けるようになった。ライス大学のロバート・ビクスビー(R. Bixby)教授によれば、1990年以降の15年間で、線形計画法の分野では、約200万倍の計算スピードの改善があったという。計算機のスピードが千倍速くなり、計算手法が二千倍速くなったためである。この結果、15年前には1年かかっていた問題が、いまでは1分以下で解けるようになったのである。

こうなると、ORは実用研究中心の時代となる。ネムハウザーは上記の論文で言っていた。「ORを装って、実際には役に立たない数学の研究をやっている研究者は問題だ」と。事実私は、1979年のモントリオールの国際会議のパーティで、ネムハウザーが理論研究をやっている人々(スタンフォード大学OR学科と、カーネギー・メロン大学のバラス・グループ)の研究を、〝悪しきORの見本〟だと批判するのを耳にしている。

しかし、あとに述べるように、この10年間の驚異的ブレークスルーをもたらしたのは、ネムハウザーが批判した、スタンフォード大学やカーネギー・メロン大学を拠点とする理論研究だったのである。

ＯＲの分野では、需要に見合わない多くの理論研究が行われていると実務家は批判する。確かにそれは認めざるを得ない。しかしそれはＯＲだけの話ではない。どの分野でも、ブレークスルーは一見ムダな研究の中から生まれてくるのである。

しかも理論研究者が使っているお金は、銀行や社会保険庁が蕩尽したお金や、企業が新技術開発に費やしているお金に比べて、誠にささやかなものである。１人のＯＲ理論家が使っている研究費は、せいぜい年間２００万円くらいだから、１０００人分を足し合わせても20億円に過ぎないのである。

スタンフォード大学のＯＲ学科は消滅した。しかし次の時代を考えれば、やはりどこかに理論研究の拠点がなくては困る。ネムハウザーは、大きな問題が解けるようになったので応用研究に集中すべきだというが、解けたのはわれわれが抱える問題のごく一部に過ぎない。より困難な問題に対処するには、従来とは全く違う方法（単体法に対する内点法のようなもの）が必要とされるかもしれないのである。

この意味で、米国にはコーネル大学をはじめとするいくつかの理論研究の拠点が残っているのは心強いことである。また世界を広く見渡せば、有力な理論研究拠点が存在している。ドイツ、オランダ、ハンガリー、そして日本である。

大域的最適化

1988年に東京で開催された国際数理計画法シンポジウムで、私はさまざまな雑用に追われたため、ほとんど研究発表を聞いている余裕はなかった。1000件近い研究発表のうちで、まともに話を聞いたのは10件もなかったはずである。

記憶に残っているのは、シベリアの怪人 I. Dikin の意味不明な英語、これまた北の国ウォータールー大学の奇人 J. Edmonds の奇怪な発表、そしてAT&Tベル研究所の怪物ナレンドラ・カーマーカーの中身の薄い講演くらいのものである。それとても、話を聞くというよりは見物に行ったのである。

ハノイの数学研究所に勤める若い数学者、パン・ティアン・タック(P. T. Thach)博士の講演を聞きに行ったのは全くの偶然である。ベトナムの巨人ホアン・トイ教授の弟子だという事実に、私の脳のレジスターが反応したせいかもしれない。会場に入るともう講演ははじまっていた。そして私は黒板に書かれた一つの式を見て、あの〝モンスター〟を退治するヒントを得たのである。

私は双線形計画問題という巨大なクジラを、そのままの形で食べようとしていた。17年かけても、このクジラを料理する方法は見つからなかった。しかし私はタック氏のスライドを見た瞬間、双線形計画法の一種である線形乗法計画問題(二つの1次式の積を1次式制約のもとで最小化する問題)が、パラメトリック単体法で解けることに気づいたのである。

それはあまりにも簡単なアイディアだった。17年間私を苦しめた問題をたとえていえば、「いつも霧で覆われている未知の大陸の最高地点に登って、1時間以内にその証拠を持ち返る」という問題である。もちろん、地図もレーダーもない。まわりの様子を見渡しながら頂上に到着しても、雲の彼方にもっと高い峰があるかもしれない。

ところがこの大陸には一本の鎖が埋まっていて、これをたどって行けば、素速く最高点に到着できるのである。このことに気づいた瞬間、私は息が止まるところだった。こんな単純なアイディアであれば、誰かがすでに気がついたとしてもおかしくないから、一刻も早く発表しなくてはならない(あとでよく調べてみたところ、1960年代半ばにF. Forgo や K. Swarup

が似たようなことをやっていた）。

そこで直ちに論文書きにとりかかるとともに、久野誉人氏と協力して、この方法の拡張に取り組んだ。2週間で完成させた論文を『Mathematical Programming』誌に投稿したのは、この年の10月である。

その後間もなく、一般化線形乗法計画問題や二つの分数関数の和や積を最小化する問題に対するパラメトリック単体法や、分枝限定法のアイディアが沸き出してきた。こうして私は久野氏のほかに、松下知己氏や矢島安敏氏らの協力のもとで論文の量産体制に入った。1989年からの3年間で、われわれはこの分野で13編の論文を書いた。このプロセスで、食べられるクジラのサイズは次第に大きくなっていった。

その後もわれわれは、約30編の論文を発表した。そして1996年にはかなり大きなクジラを料理する方法を見つけ出した。この問題に取り組んでから25年目のことである。この方法でも歯が立たない白鯨が、今も悠々と海の中を泳いでいることはわかっていた。しかし私は、もうこれ以上深追いしないことにした。もはや時間も体力も残されていないし、とにもかくにも十分にたくさんの鯨を食べて満足したからである。

2002年8月、私は1人の青年（?）がモービー・ディックを捕獲したことを知った。マールブルク大学のマーカス・ポレンブスキー(M. Porembski)が、どのような巨鯨でも料理できる方法を発表したのである。この青年が、かねてよりトイ教授のカットを改良する研究を行っていることは知っていたが、おそらくは徒労になるだろうと考えていた。ところが、2年後にとうとうやったのである。そのアイディアは、予想に反してとても単純なものだった。「押しても駄目なら引いてみよ」とでも言えばよいだろうか。私は扉を押し続けたが、引けばよかったのだ。

1988年のシンポジウムのもう一つの遺産は、『Journal of Global Optimization』誌の創刊である。いまでは「大域的最適化」は数理計画法の重要な一分野として認知されるようになったが、1980年代半ばまでは完全な継子扱いだった。あちこちに局小点が存在する非凸型問題の〝大域的〟最適解を求める問題は、長い間まともな研究者が手を出すべきではないと考えられていたのである。

実際、1985年に出た『Handbook in OR/MS』シリーズの第1巻『最適化』の中のRinnooy-Kan と Timmer の報告を読むと、この分野がいかに〝面白くない〟かがよくわかる。しかしそのような状況の中でも、非凸型最適化問題の大域的最適解を求めるための厳密解法を研究していた人はいたのである。そしてそのチャンピオンが、ベトナムのトイ教授である。

シンポジウムの合間に、この人を中心に新ジャーナルの構想が検討され、トリア大学のライナー・ホルスト(R. Horst)教授が編集長を引き受けることで協議がまとまった。そして1990年から刊行されたこのジャーナルには、私も編集委員に加えていただくことになった。この第1巻第1号を飾ったのが、松井氏らとまとめた論文である。

このようなチャンスが巡ってきたのは、1974年に発表した「書かない方がよい論文」と、「廃坑の中から取り出して作った2編の論文」を、トイ教授が評価してくれたからである。一流誌の編集委員に指名されるのは名誉なことである。しかしより重要なことは、この仕事を引き受けると、最新の研究成果を世界で一番早く知ることができるという点である。もちろんドンピシャリの論文に出会うことは滅多にないが、私は約10種類の専門誌の編集委員を15年間にわたって務める過程で、三つのドンピシャ論文に出会っている。

私の幸運は、タック氏によってもたらされた。これに感謝した私は、この人を東京工業大学の助手に迎えることにした。この結果、私はタック氏の義理の父にあたるトイ教授とより深くおつきあいすることになったのである。ベトナム戦争の間はジャングルの中で月明かりを頼りに研究を続けたトイ教授は、無駄にした20年を取り戻そうとしてか、すべての時間を研究に費やしていた。

1992年にプリンストン大学で開催されたシンポジウムで、私はトイ教授から新しい本を書く話をもちかけられた。この人はその前年に、ホルスト教授と画期的な教科書『Global Optimization : Deterministic Approaches』を出している。500ページを超えるこの本は、のちにこの分野のバイブルと呼ばれることになるのであるが、トイ教授はこの本を出したばかりだというのに、もう1冊別の本を出そうというのである。

前の本が一般的な問題を解く一般的な方法を扱ったのに対して、この分野の普及にあたっては、特別な問題を解くための効率的な方法を扱った本が必要だという。確かに、私たちが発表した論文はすべてこのタイプのテーマを扱ったものである。しかし当時は、1冊の本にまとめるほどの材料はなかった。

当然私は断った。「5年くらいかけてじっくりやれば、いい本ができるはずだ」という言葉に心を動かされたが、とてもこんな大役が務まるはずはないし、すでにトイ教授に関する悪い噂を耳にしていたからである。

「あの人は自分に厳しいだけあって、他人にも厳しい。それが証拠に、一緒に本を書いたホルスト教授は、記述の間違いについてトイ教授にやりこめられてノイローゼになった」。

こんな仕事を引き受けたらとんでもないことになると思ったが、薄暗いコーヒールームで執拗に迫るトイ教授の迫力に、私は結局イエスと言わされてしまった。あるいは、これでライフワークが書ける、そして一挙に有名になれるという野心がこの言葉になったのかもしれない。

このあと5年にわたって、私は毎年1ヵ月から2ヵ月にわたってトイ教授を東京工業大学にお招きして共同作業を進めた。１９２８年生まれの教授は、いまの私と同じ年頃だったが、研究活動はいささかの衰えを見せないばかりか、60歳代に入ってから一層加速されていったような気がする。

ベトナムはもともと数学に関しては実績のある国である。理数系の才能のある若者は、小学校時代から特別な学校で英才教育を受け、その中の最も優秀な人はロシアやフランスに留学して、その才能を磨くのである。

トイ青年は、当然のごとくモスクワ大学に留学して１９６０年に学位をとり、１９６４年に画期的な論文を書いた。そしてベトナム戦争後には、ハノイに国立数学研究所を設立し、10年以上にわたってその所長を務めた。１９９５年に、数学者としてははじめてベトナムの文化勲章を受章したトイ教授は、日本でいえば、フィールズ賞を貰った、小平邦彦教授や広中平祐教授にも匹敵する存在である。数学に強くない男がこんなスゴイ人と一緒に本を書くというのは、狂気の沙汰としかいいようがない。

私はこのプレッシャーで、毎日12時間以上を研究に割いた。この頃は人文・社会群という組織で時間的に余裕のある暮しをしていたし、周囲に久野誉人氏をはじめとする優秀な同僚たちがいてくれたのは幸いだった。私はこの人たちとの協力のもとに毎年3編から4編の論文を書き、それをもとに本をまとめていった。

この本は、はじめから数えて5年後に、『Optimization on Low Rank Nonconvex Structures』というタイトルで Kluwer 社から出版された。しかし出版社が280ドル（日本で買うと4万円）という定価をつけたため、結局900部しか売れなかった。私が書いた本の中で、最も時間をかけたにもかかわらず最も売れなかったのはこの本である。

努力のわりには報われない仕事だったが、これで身体も壊さず精神に異常も来さなかった私に対して、フロリダ大学のパルダロス教授は、「トイ教授とまともにつきあって頭がおかしくならなかった珍しい男」という讃辞を贈ってくれた。

本音を言えば、こういう人とはたまにつきあうのが正解である。たとえば筑波大学の久野誉人氏は、親しみを込めてトイ教授を、「南の国からやってくるサンタクロース」とよんでいるが、これは年に1回訪れるトイ教授のセミナーに参加して、新しいアイディアを聞かせてもらっているだけだから言えることである。

70歳を超えても、研究意欲と闘争心に衰えを見せないトイ教授を見ていると、私にもエネルギーがわいてくるが、やはりこれは天才だから許されることなのだろう。われわれのレベルの研究者がこの人をまねすると、一体何が起こるだろうか。おそらくは、〝ライン川の中州にとり残された古城〟のような研究を発表して、若い人たちから「発表しない方がよい研究」と言われるのがおちではなかろうか。

それでも私は、今も「論文書き」を続けている。たとえ「書かない方がよい」論文でも、どこかの誰かが評価してくれるかもしれないからである。

すでに述べたとおり、1988年以前の大域的最適化はまともな研究領域とはみなされていなかった。一流の研究者は、こんな研究をやってもろくな成果を出せるはずがないと考えていたためである。しかし最近は、かなり多くの、しかも一流の研究者が参戦し、この分野は大繁昌している。計算機が速くなったため、凸計画問題であればかなり大規模な問題が解けるようになり、人々の関心がより難しい非凸型問題に移ってきたのと、かつては役に立たないと思われていた方法が息を吹き返したためである。

『応転』のススメ

ここではＯＲ学会の永遠のテーマである、「理論と応用」の相克について書くことにしよう。永遠のテーマと書いたのは、理論と応用をめぐる論争は、１９６０年代以来40年にわたって、世界各国で繰り広げられてきたものだからである。

古くは、ＯＲのパイオニアであるAckoffの批判が有名だが、最近も『OR/MS Today』誌上で熱い論争が続いている。これに対してＩＮＦＯＲＭＳ会長をつとめたM. Rothkopfは、「大学の理論コミュニティーと企業の実務家コミュニティーの価値基準には大きな隔たりがあるので、それを理解したうえで互いを尊重しあうことが必要だ」と述べている。しかし、それもこれも昔から何度も聞かされてきた言葉である。

この種の議論では、実務家がときおり強い不満を述べ、学会指導部が前述のようにとりなす。そして理論研究者は、実務家たちの不満を知ってか知らずか、それまでと同様の研究を続ける、という伝統ができ上がっている。

ＩＮＦＯＲＭＳの研究発表会や各種のジャーナル、特に『Management Science』誌や

『Interface』誌などにはたくさんの応用論文が載っているから、米国のＯＲは日本よりは応用志向のように見える。それにもかかわらず厳しい批判が出るのは、なぜなのだろうか。

応用研究であっても、その中に難しい理論が埋まっているのでよく理解できないというのなら、実務家諸氏にもう少し勉強していただくしかない。一般向けの読み物ならともかく、論文である以上は、一定の基準を満たさなくてはならないからである。

一方、応用を謳った論文が、実務家から見て的外れだという可能性もある。しかし応用論文の多くは、実務家との協力のもとで書かれたものだから、すべてが的外れということもないはずである。こう考えると、実務家の批判は、〝自分が関心をもつ問題を扱ったわかりやすい論文〟が少ないということなのだろう。

しかし考えてみれば、これはないものねだりである。なぜなら、ＯＲの研究対象となる応用問題には無限の広がりがあるから、特定の応用を考えている実務家が、その問題を扱った論文に出会うことは滅多にないからである。ドンピシャリの論文に出会ったら、それは僥倖というべきであって、問題解決のための一定のヒントを得ることができれば、それでよしとしなくてはならないだろう。

これは理論研究者の場合も同じである。自分が取り組んでいる問題にぴったりの論文が雑誌に掲載されることなど滅多にない。そこで世界中で発表されているたくさんの文献を、過去から現在にわたって調査し、専門書を読み、そして研究集会に出て情報を集めるのである。

私の体験では、一週間つぶして国際会議に出席してみても、自分の研究に直接役に立つ発表に出会うことは稀である。また、常時10種類以上の専門誌をチェックしているにもかかわらず、直ちに役立つ情報が手に入ることは年に数回あればよい方である。結局自分の問題は、自分と自分の近傍にいる研究者の協力のもとで解くしかないのである。

しかし理論家はこれについて文句を言わない。論文とは所詮そんなものだということを知っているからである。自分にはわからない論文でも、その人にとっては職業を賭けた論文なのだろうと考え、"benign neglect"を決め込むのである。

こんなことを書くと、実務家は怒るかもしれない。学会に所属するメリットは何もないではないか、と。企業に学会費を負担してもらっている実務家はともかく、自ら会費を支払っている会員が、年1万円以上の会費を支払うメリットとは何か。

それは、学会というコミュニティーに所属することで、組織を横断するネットワークとのつながりを得ることである。これらの人々との個人的なつき合いをもつことは、仕事を進めるうえで大きな力になるはずである。また所属する組織で十分に能力を発揮できないときに、このネットワークを通じて新たなチャンスが舞い込む可能性もある。実際かなり多くの実務家が、学会活動を通じて大学や研究機関のポストを手に入れているのである。

ここから先は、理論家たちへのメッセージを記そう。まず理論家たちは、自分たちの研究が実務家たちによって支えられているということを、より真摯に考えるべきではなかろうか。仮に研究費は国や企業が提供してくれるとしても、実務家たちが学会からいなくなってしまうと、現実の問題に関する情報を取り入れるための土俵がなくなってしまうからである。

理論家は、学会に参加することで実務家の何倍ものリターンを得ている。彼らは研究発表会、研究部会、論文誌の発行、事務局費用などの半分程度しか負担していないのである。こう考えれば理論家は、実務家に対してより多くのサービスをしなくてはならないことがわかる。

では、いかにすれば実務家の期待に応えることができるか。一つはわかりやすい解説記事や教科書を日本語で書くことである。

より重要なことは、自ら応用研究に乗り出すことである。差し迫った研究を横において、いますぐ実務家との共同研究に乗り出すのは難しいかもしれない。しかし理論研究者のすべてが、最後まで理論研究に徹するのがよいとは限らない。企業の技術者がいずれ「文転」して経営者となるように、大学の研究者もいずれ「応転」した方が、長い間充実した研究生活を送ることができるからである。そこで以下では、参考のために私の経験を述べよう。

私自身のキャリアを振り返ると、30歳代半ばまでは完全な理論志向だった。学生時代には、「エンジニアたる者は役に立つことをめざすべし」という工学部テーゼを叩き込まれたが、20歳代後半にスタンフォード大学OR学科に留学してからは、理論研究にのめりこんだ。なぜならこの学科は、隣のEES学科やIE学科、そしてビジネス・スクールに応用を任せ、理論研究者と理論家育成に全力を注いでいたからである。

この学科は世界中から傑出した才能を集め、数々の優れた研究者を育てた。マイク・ハリソン、デビッド・クレプスらの大スターである。しかし、これらの人たちといえども、アロー、ダンツィク、カルマンの理論的業績には遠く及ばない。また本当に画期的な仕事は、ハロルド・キューンが言うとおり、「in the right place at the right time」でなければ生まれないのである。

理論研究を志向した私は、間もなく壁にぶつかった。身分不相応の大問題、すなわち非凸型2次計画問題の厳密解法にはまり込んでしまったためである。こんなときに「国際応用システム分析研究所」で出会ったのが、線形計画法を使ったエネルギー計画問題である。私にとっては最初の応用研究だった。当初〝イイカゲン〟に済ませようと思っていたこの研究は、予想以上に面白かった。しかし私は依然として、これを片手間仕事だと考えていた。

そして非凸型2次計画問題の解法に関する手がかりを得るため、1974年から1980年までの6年間、エゴン・バラスらの交差カット、ファセット・カット、離接カットなどについて必死に勉強した。しかし残念なことに、この分野でオリジナルな成果を生み出すことはできなかった。一方いくつか書いたヒューリスティック・アプローチ論文は、すべてボツとなった。長いトンネル生活である。フンギリがついたのは1981年である。

この年私は、自分ではつまらないと思っていた論文で、OR学会の論文賞をいただいた。40歳までの研究者を対象とする賞を、ギリギリの滑り込みで頂戴したのである。整数計画問題と関係の深い、凹2次関数最小問題に対する切除平面アルゴリズムである。ほとんど実用の役には立たないことがわかっていたから、賞をもらうのは気が引けたが、何食わぬ顔でいただいた。

ところが受賞講演のあと、畏友冨沢信明氏から、「あんな方法で本当に問題が解けるんでしょうかね」という鋭い一発を頂戴したのである。わかる人にはわかっていたのである。こんな方法で解けるはずがないということが。私は笑ってごまかしたが、これが潮時だと考えた。理論研究で冨沢信明、藤重悟、小島政和、室田一雄氏らと競争しても勝てるわけがない。バラス教授が言うとおり、自分の身の丈にあった研究をする方がよいのだ。

難しい問題と取り組んで〝横転〟した私は、「応転」した。そのきっかけは、74ページに書いたクラス編成問題である。理系の知識がない文系スターたちが苦しんでいたクラス編成問題は、私にとっての「自分の身の丈にあった問題」だった。

このあと私は、積極的に応用問題にかかわった。三菱化成との化学プラント制御問題（0−1整数計画法の応用）、エネルギー総合研究所とのエネルギー・システム評価（ＡＨＰの応用）、日経データ・バンクとの債券ポートフォリオ最適化問題（双線形分数計画法の応用）などである。しかしこれらはいずれも単発的研究だった。

ところが「応転」してから6年目の１９８８年に本格参入した「金融工学」で、私は大きな鉱脈を見つけた。まさに「in the right place at the right time」だった。文系の領土と位置づけられてきたファイナンスの分野に、ＯＲ手法を応用する時代が到来したのである。

すでに述べたとおり、理論研究で歴史に名を残すことができる研究者は限られている。類い希な才能と幸運がなければ、画期的な研究を生むことはできないのである。また理論研究者は、世界中の研究者を相手に競争しなければならない。才能があれば、これは誠にエキサイティングなゲームである。しかし40歳を超えると、理論研究者は20歳代、30歳代の若者との競争に疲れはじめる。

40歳代半ばにさしかかったファルカーソン教授が、「ネットワーク理論は若者たちのゲームだ」と慨嘆し、50歳代を前にして自ら生命を絶ったことからわかるとおり、理論研究者の競争は厳しいものがある。50歳代以降も理論の世界で第一線の研究を行っている人は、世界でも数えるほどしかいない。

これに比べると、応用の世界は裾野が広い。応用問題は千差万別で、年をとってからも十分面白い研究ができるし、年の功を生かすこともできる。理論研究が、陸上競技のように若者のための競技であるのに対して、応用研究はゴルフやテニスのように、年をとっても楽しめるのである。

ここで重要なことは、テニスもゴルフも若いうちに多少の投資を行っておく必要があるということである。60歳になってからいきなり参入してみても、行き着く先は知れている。趣味であればそれでもいい。しかしシニア・ゴルフ選手権でプレーするためには、若いうちに投資しておくことが肝心なのである。

私の場合、応用研究に転進したのは、理論研究に行き詰まったためである。そしてこの頃は、私も人並以上に悩んだものである。これまでやってきた理論研究への投資が無駄になると。しかし決してそうではなかった。応用研究を行う際に、理論研究をやっていた時代の蓄積が役に立ったことはもちろん、逆に応用研究の中から、かつて苦しんだ理論問題を解くヒントが得られたのである。

ある調査によると、研究者は一つのテーマだけに集中するより、二つのテーマに取り組むほうが生産性が上がるという。スーパースターは別として、ふつうの研究者の場合、いつも順調に研究が進むとは限らない。デッドロックに乗り上げたとき、テーマが一つしかなければ、袋小路に入って堂々めぐりをはじめる(双線形計画問題に集中していたときの私がそうだった)。

しかしテーマが二つあれば、一つ目で行き詰まっても二つ目のテーマでしばらく時間稼ぎができる。一仕事終わったところでもとのテーマに復帰し、ひとふんばりすると問題が解けることもある。別のテーマに取り組んでいる間に発酵が進んだためである(大域的最適化と金融工学という二つのテーマをもってから、しばしばこういうことを体験した)。

一つより二つがよいのであれば、三つならどうかという疑問が生じるだろう。この件について私の経験を述べれば、三つの場合は二つの場合より生産性は落ちるようである。実際、第三のテーマ「ソフトウェア特許問題」が割り込んだことによって、論文の数は増えたが研究の質は低下してしまったのである。

第五章

ORの新時代——21世紀のOR

整数計画法の大逆転

1970年末から1980年代はじめにかけて、私は整数計画法の理論研究に〝はまりこんで〟いた。

私がこの分野を本格的に研究することになったきっかけは、1969年に出たフーの教科書、『整数計画法とネットワーク・フロー』の翻訳作業を行ったことである。著者であるフー教授は、ウィスコンシン大学数学研究所の教授で、IBMワトソン研究所時代に、整数計画法の創始者であるラルフ・ゴモリーと、ネットワーク・フローの分野で歴史に残る論文を書いた「超」秀才である。

さてこの本は、第1部「線形計画法」、第2部「ネットワーク・フロー」、第3部「整数計画法」の3部構成であるが、〝教科書〟として採点すると、第1部は○、第2部は◎、しかし第3部には×をつけざるを得ない出来だった。×をつけた理由は、役に立ちそうもない解法に多くのスペースを割く一方で、実用性の高い分枝限定法に関する記述がたったの5ページしかないことである。

分枝限定法には数学的な深味がないというのがその理由だが、結果的にフー教授は1970年代以降の分枝限定法の大発展を見誤ったのである。急激に変化する分野の教科書を書くのがいかにリスキーかを示す見本のような本である。このためこの本は、1972年に出たGarfinkel=Nemhauserの、よりわかりやすくバランスのとれた教科書に完敗してしまうのである。

当然ながら、1975年に出た訳書はまったく売れなかった。ところが、この本を翻訳したということ(だけ)で、私は整数計画法の専門家ということになってしまうのである。実際、この頃(そしていまも)この本の内容を完全に理解している人はほとんどいなかったから、全くの嘘というわけではないが、これは〝専門家の中もピンキリ〟ということの証明である。

さて、この訳本が出た頃に日本を訪れたのが、カーネーギー・メロン大学のエゴン・バラス教授である。この人は、1965年に発表した0-1整数計画法問題に対する「加法的解法」で一躍有名になった人であるが、1970年代に入ってからは、ゴモリーが先鞭をつけてまもなく手を引いた整数多面体(整数計画問題の実行可能点集合の凸包)のファセット構造の研究をやっていた。

情報処理開発協会の招きで来日したバラス教授は、分枝限定法や整数多面体のファセットに関する一連の講義で、若い研究者たちを魅了した。そしてこれを機会に設立されたのが、OR学会の「整数計画法研究部会」である。ここに集まったメンバーの関心の対象は分枝限定法だったが、私はバラス・グループの代数的方法の研究に集中した。しかし残念なことに、このグループの研究成果を吸収するのに精一杯で、その先を行く成果を上げることはできなかった。

この研究部会は4年にわたって継続し、全メンバーの協力のもとで『整数計画法と組合せ最適化』(日科技連出版社、1982年)をまとめて散会した。そしてほとんどのメンバーは、別の分野に転進していった。各自それぞれの理由があったのだろうが、この時代は計算機が高価なうえにとても遅かったから、実用規模の問題はなかなか解けなかったし、自分で考案したアルゴリズムを検証するのも容易でなかったのである。

私が転進(撤退)した理由は、バラス・グループの研究の後追いに疲れてしまったことと、コーネル大学のネムハウザー教授が、バラス・グループの研究を、〝悪しきORの見本〟と批判しているのを耳にしてショックを受けたためである。

こうして私は整数計画法から手を引いた。しかしこの頃バラスの理論的研究は、実用規模の組合せ最適化問題に応用され、成果を上げはじめていたのである。

ダンツィクの一番弟子であるエリス・ジョンソン(E. Johnson)と、バラスの一番弟子であるマンフレッド・パドバーグ(M. Padberg)が協力して、大規模な巡回セールスマン問題を解くことに成功したのは、1980年代前半のことである。そしてそこに使われたのが、バラス・グループの研究(ファセット・カットとその持ち上げ技術、および離接カット)だった。

しかしこの話を聞いても、私はこの分野に戻る気にはなれなかった。なぜならここで使われたファセット・カットは、巡回セールスマン問題のネットワーク構造を利用した巧妙かつ難解なものだったからである。一方、ジョンソンらが1980年代半ばに、5000変数からなるスケジューリング問題を解いたときには心が揺れた。なぜならそこに使われたのは、私が十分に理解したナップサック多面体のファセットと、離接カットだったからである。

ナップサック問題はNP完全問題であるが、ほとんどの問題は分枝限定法で簡単に解ける。それにもかかわらず、なぜバラス教授はこの問題のファセット構造を研究しているのか。理由はよくわからなかったが、それは私にとってはとても面白い研究だった。

一方の離接カットは、1974年に発表されたものだが、バラス教授から送られてくるおびただしい論文群の中でも、とりわけ難解かつ長大なものだった。全部で31個の定理が埋まっているこの論文を読破するには、1年近い時間が必要だった。数学的に奥深いが実用性があるかどうかわからない理論。ネムハウザーのターゲットは、この論文だったのではないだろうか。

ところがこれらの理論が、大規模スケジューリング問題を解くうえで、決定的な役割を果たしたというのである。ちなみに、この論文が日の目を見たのは、24年後の1998年のことである。長い間放置されていたのは、ある有力ジャーナルで拒絶査定を受けたためだが、この論文は整数計画法の歴史を書きかえる記念碑的論文だったのである(なおこの論文は、1998年の『Discrete Applied Mathematics』誌に招待論文として掲載された)。

整数計画法から撤退したあと15年間、私は金融工学と大域的最適化法に集中していた。そして1990年代半ば以降、残された難問、「凹型取引コストのもとでのポートフォリオ最適化問題」に取り組んだ。そして1960年代末にジェームス・フォークらが提案した超直方体分割法を改良することによって、この問題を解くことに成功した。提案された当時は、全く役に立たないと思われていた方法が復活したのだから、世の中は何が起こるかわからないものである。

　一方、凹型関数最小化問題を解く方法としては、古くから0-1整数変数を導入して折れ線近似する方法が知られている。しかしこの方法は、実際には役に立たなかった。非線形関数を折線近似するには、1つの変数につき最低でも5個の0-1変数が必要となるから、変数が1000個あれば、数千個の0-1変数を取り扱わなくてはならない。こんな問題は絶対に解けない。これが1980年代はじめの常識だった。

　ところが、この解けないはずの問題を、新たにリリースされたCPLEX 8.1に食べさせたところ、われわれが開発した大域的最適化アルゴリズムより10倍速く解けてしまったのである。ショックを受けた私は、この前年に出た労作、『応用数理計画法事典』(朝倉書店、2002年)の整数計画法の章を執筆した松井知己氏にメールを打った。

松井兄
　その後いかがお過ごしでしょうか。少々お尋ねしたいことがありメールします。このところ取引コストのもとでのポートフォリオ最適化問題を0-1整数計画問題として定式化して、CPLEXで解かせたところ、そのあまりの速さにビックリしています。こんなことは常識なのでしょうか。貴兄が書かれた整数計画法の章を読み直してみましたが、一言もその種の記述がないのが気になります。またこのソフトは、一体どんな方法を使っているのでしょうか。

10分後にトロントから戻ってきた返事は、驚くべきものだった（それにしても、インターネットはありがたいものです）。

今野先生

CPLEXが驚くほど速いという話は、いまでもよく耳にしますので、まだ常識とはいえないでしょう。しかし少なくとも、あの本にかかわった若手たちの間では常識です。私は先生から引き継いだT社の実務家研修では、3000変数までの0–1整数計画問題は、何も考えずにCPLEXに食わせればいいといっています。

さてなぜ速いかですが、その秘密は単体法ルーチンの中のピボット選択と、分枝カット法におけるゴモリー・カットだということです。しかしこのあたりの事はよくわかりません。大きな問題が解けることは事実ですが、それができるのはCPLEXという商品だけで、ほかにそれと太刀打ちできるソフトがないため、出てきた答が正しいかどうか検証しようがありません。ここでCPLEXが速いと書くと、ILOG社の宣伝になってしまうので、学術的な記述の中にはそのことを書くわけにはいかなかったのです。

40年前のゴモリー・カットが決定的役割を果たしていると聞いても、私は半信半疑だった。この方法は、1960年代半ばに理論倒れの代表と批判され、ORの地盤沈下に一役買った方法だからである(この手紙の数ヵ月後、私はCPLEXを開発したライス大学のロバート・ビクスビー(R. Bixby)教授の講演を聞いて、松井氏の言っていることが事実であることを確認した)。

ここで、整数計画法におけるもう一つのビック・ニュースを紹介することにしよう。それはスーパースター、ゴモリーの現役復帰である。1960年代末にワトソン研究所長に就任したあと、IBM副社長、スローン財団理事長、大統領特別顧問を務めたゴモリーが、70歳になったのを機にすべての公職を辞し、整数計画法の研究に復帰したのである。

ゴモリーは、1991年に次のように書いている。

「私の整数計画法に関する研究は、IBMの研究部門のヘッドに就任した1970年に打ち切られた。そしてそれから後、少なくとも現在まではそのままになっている」。

ところがそれから10年ほどして、米国OR学会の誕生50周年を記念して発行された、『Operations Research』誌上で、ゴモリーはこの文章を引用しながら次のように書いている。

「私は1991年に、〝少なくとも現在までのところ〟と書いた。このとき私は、いつの日か未完のままになっている研究に復帰したいと考えていた。その希望はついに実現された。いま私は、かつての同僚であるエリス・ジョンソンらと研究活動を再開した。そして近々、整数多面体(コーナー多面体)の理論と実用性に関する論文を発表する予定である」。

私はこの論文が出るのを首を長くして待っていた。そして2003年の秋、ジョンソンらと共著で書いた3篇の論文が『Mathematical Programming』誌に発表されたのを見て、ゴモリーのあふれるばかりの情熱に圧倒された。

ゴモリーは書いている。「ここには大きな鉱脈が埋まっている。みんなで力をあわせて宝物を掘り出そう」と。残された時間が少ないことを考えれば、自分たちだけでは掘りつくせそうもない。だから皆さん一緒にやりましょう、と若者たちに呼びかけているのである。パーティでのスピーチならともかく、正式の論文の中でこのような呼びかけを行うのは、異例のことである。

果たしてゴモリーの研究は、新たなブレークスルーに結びつくのだろうか。そして(望むらくは日本人の）誰かが10年後に再び、「10年前には誰も解けるとは思わなかった問題が解けるようになった」と書くのだろうか。私はもうこの研究に加わることはできないが、せいぜい健康に注意して、10年後を見届けたいものだと考えている。

なお、整数計画法に関するドラマについては、『役に立つ一次式』（日本評論社、２００５年）をご覧いただきたい。

最適化の時代

ジョージ・ネムハウザー教授は、１９９３年の『Operations Research』誌に、「最適化の時代—大規模な現実問題の解決」というタイトルのエッセイを書いている。ここでネムハウザーは、単体法にはじまる最適化技術の発展を振り返り、次のように述べている。

アルゴリズムと計算機の目覚しい進歩の組み合わせにより、10年前には誰も夢想すらしなかったスピードで、超大型の線形計画問題や整数計画問題が解けるようになった。重要なことは、これらの問題がパソコンやワークステーション上で解けるようになったことである。この結果、さまざまな組織におけるロジスティクス、製造、ファイナンスなどの問題の解決に、数理計画法が大々的に利用されるようになった。

またORスタッフがいない中小組織でも、モデリング言語、グラフィカル・インターフェースなどの助けによって、これらの手段が使えるようになったため、多方面に大きなマーケットが広がっている――。


このエッセイを読んだのは、『数理決定法入門』（朝倉書店、１９９２年）という教科書を出版した直後だったが、その最終章「ＯＲの過去・現在・未来」に記したハイトーンのメッセージをはるかに上回る高らかな進軍ラッパを聴いて、少々戸惑いを覚えた記憶がある。

ネムハウザー教授が言うとおり、１９８０年代半ば以降の最適化技術の発展には目を見張るものがあった。１９８３年のエリス・ジョンソンとＩＢＭグループによる大規模スケジューリング問題の効率的解法、１９８４年のカーマーカーの内点法、１９８７年のジョンソンとパドバーグの大規模巡回セールスマン問題の効率的解法などは、専門家たちを驚かせるに十分なものだった。

また内点法の追撃を受けて、単体法も著しく改良され、10年で10倍の法則（10年ごとに10倍大きな問題が解けるようになるという経験則)が上方修正された。この結果、10年前には決して解けないと思われていた問題が、きわめて高速に解けるようになったのである。

面白いことに、大規模な整数計画問題の解決に決定的な役割を果たしたのが、ネムハウザーがかつて〝悪しきOR研究の見本〟と切り捨てた、バラスの「整数多面体のファセット構造」や「離接カット」の研究だった。若い頃、高橋秀俊教授の「真理とは役に立つことなり」という名言を聞いて感動した私は、このとき「美しい理論はいつか必ず役に立つ」ということを確認したのである。

しかしネムハウザーが論文を読んだとき、私はこれを自分のこととして実感するには到らなかった。なぜならポートフォリオ理論の分野では、まだそれほど大きな問題を解くニーズはなかったからである。

また大規模なスケジューリング問題や巡回セールスマン問題が解けたとはいっても、それができるソフトはジョンソンらが開発したソフトPIPXだけだったから、いかにこの人たちが有能だからといって、100%それを信用することはできなかった。

ネムハウザー論文から数えてほぼ10年後の2002年、ロバート・ビクスビー教授は、『Operations Research』誌に「現実の線形計画問題の解法―この10年間の進歩」という論文を書いている。この人は、１９８０年代はじめに単体法をベースとする線形計画ソフトウェアの開発に乗り出し、１９８７年に出したCPLEX 1.0を皮切りに、２００５年のCPLEX 10.0まで、継続的に線形計画／整数計画ソフトの開発に携わってきた人である。

この論文でビクスビーは、CPLEX 改良の軌跡を詳しく説明したあと、以下のように締め括っている。

過去15年の間に、計算機の処理スピードが約１０００倍、アルゴリズムの改良によるスピードアップが約２０００倍、合計で２００万倍の計算速度の向上が実現された。この結果、10年前に1年を必要とした計算が、いまでは30秒以下で終わるようになった。おそらく誰も、1年もかかる計算などやろうとは思わないだろう(少なくとも私はそんな人を知らない)。このような進歩が具体的に何を意味するのか、まだよくわからない。しかしそれは事実なのである。われわれはいまや、たった数年前の最新技術を無力化するような最適化エンジンを手に入れた。この結果、かつては絶対不可能と思われていた問題が解けるようになり、新しい応用分野は限りなく広がった――。

ネムハウザーが10年前に述べたのとそっくり同じ言葉が、一層拡大された形で繰り返されたのである。

１９８０年代はじめに、10年間研究してきた整数計画法から撤退したとき、私は二度とこの分野に戻ることはないだろうと思っていた。ところがそれから20年を経て、整数計画法は全く思いがけない形で、非凸型最適化問題の解決に役立つことになったのである。

その一つは、１９８０年代以来ターゲットとしてきた、非凸型取引コストのもとでのポートフォリオ最適化問題が解けたことである。ダンツィク教授が１９５４年の論文で示したとおり、この問題は０–１変数を導入することにより、整数計画問題として定式化することができる。しかし１９８０年代には、０–１変数が数百個程度の問題しか解けなかった。われわれの問題の場合、最低でも２０００から３０００個の０–１変数が必要とされるから、これは当時としては〝絶対に解けるはずがない〟問題だった。

しかし２００３年になって、たまたま CPLEX 8.0 を使ってみたところ、これらの問題がいともあっさり解けてしまったのである(このことはすでに書いた)。味を占めたわれわれは、同じ方法をかねて研究してきた、凹型生産コストのもとでの生産・輸送問題に適用した。するとこれまた、従来より10倍以上大きな問題が解けてしまった。

ビクスビーによれば、某大手企業のサプライ・チェーン最適化問題をCPLEXで解いたところ、在庫コストが20％減少したという。これは1900万変数、1000万制約式の混合整数計画問題を解いた結果である。また大手食肉会社の牛肉解体作業の最適化問題を解いたところ、在庫が80％削減されたという。これまた25万制約、30万変数にのぼる混合整数計画問題を解いた結果である（5年前にはこれらの問題は絶対に解けないと考えられていた）。

このようにCPLEXは、さまざまな組織の最適化に応用され、めざましい成果を生んでいる。しかし気がかりなのは、果たして本当に最適解が求まっているのか、という点である。20％のコスト削減が実現されたという実績を見れば、得られた解が最適解か否かを問う必要はないのかもしれない。しかしアルゴリズムの専門家としては、決して見過ごせない点である。

この点について東京大学の松井知己氏は、2003年春の時点で、「大規模な0−1整数計画問題を解くことができるのはCPLEXだけなので、得られた解の正しさを検証することができない。したがってそれを他人に保証することはできない」と、20年前に私がPIPXに抱いたのと同じ感想を述べていた。

しかし、その後間もなく状況は変わった。2003年夏に、凹型取引コストのもとでのポートフォリオ最適化問題を、（収束性が保証されている）大域的最適化アルゴリズムとCPLEXの両方で解かせてみたところ、どちらも同じ解を生成することが明らかになったのである。3000個の0-1変数を含む問題に対して、両者が同じ解を打ち出したということは、CPLEXの信頼性を確認する一つの根拠を与えるものである。

さらに2004年になって、DASH Optimization 社のソフトウェア Xpress-MP を用いていくつかのテスト問題を解かせてみたところ、すべての問題に対して、CPLEX と全く同じ解を生成することが確認された。CPLEX の信頼性を裏づけるソフトウェアが誕生したというわけである。

1990年代半ばに線形計画法ソフトウェアの分野で、単体法ベースの CPLEX と内点法ベースの OB1 がチャンピオンシップを争った時代があった。両者一歩も譲らぬ白熱したゲームは、OB1 のCPLEX への身売りによって終了し、単体法と内点法を組み合わせた CPLEX が覇権を握った。

あれから10年、整数計画法を舞台に新たなバトルがはじまったようである。線形計画法アルゴリズムに強いビクスビーの CPLEX と、整数計画法のカリスマ、エゴン・バラスとその軍団がサポートするXpress-MP、そしてわが国のエースである茨本俊秀教授グループの手になる「問題解決エンジン」などの闘いは、いずれが勝利するのだろうか。これらの競合の中でめざましい改良合戦が続けば、10年後にまた誰かが、「10年前には夢想もできなかった大型最適化問題が解けるようになった」と書くことになるだろう。もしそれが事実となれば、誰もが「最適化の時代」を実感するようになるはずである。

「最適化の時代」を実現するうえで最も重要な役割を担うのは、「ＯＲ」である。われわれは繰り返しこのことを世間にアピールすることによって、ＯＲのプレゼンスを高めてゆく必要があるのではなかろうか。ちなみにINFORMSでは、ＯＲを「Science of Better」と位置づけ、最適化の時代に向けて大々的なキャンペーンを行っている。

21世紀の人類にはさまざまな危機が迫っている。エネルギー、資源、環境、食料などの制約によって、地球と人類の存続に赤信号が灯っている。石井威望氏によれば、情報技術で時間稼ぎしてトンネルを抜け、バイオにつなげるしか人類が生き延びる道はないという。

ミクロ的に見れば、〝最適化の時代〟は企業や組織の活動の効率化に貢献する。マクロ的に見ればこれは希少な資源の節約につながる。最適化によって資源を30％節約することができれば、〝運命の日〟の到来を10年遅らせることができるかもしれない。人類社会の危機を乗り切るために、ＯＲと最適化技術がきわめて大きな役割を担っているのである。

理文総合アプローチ

このところ再び、「文理融合」という言葉を耳にする機会が多くなった。エネルギー問題、人口・食料問題、地球温暖化問題、情報セキュリティー問題など、技術と社会にまたがる複雑な問題を分析するには、文系、理系の知識を動員することが必要だというわけである。

私もORを研究する中で、何回も文理融合プロジェクトに関係してきた。古くはエネルギー・システムや教育プログラムの評価、また最近は知的財産権問題や金融工学などである。そしてこの経験を通じて、文理融合は「言うは易く、行うは難き」プロジェクトであるということを体験した。

もちろん、中にはすばらしい成果を生んだケースもある。また研究のプロセスで文系・理系の人材交流が進み、次のステップにつながったこともある。しかし大きな資金を使って実施される大型プロジェクトは、膨大な報告書群を生み出しても、その中身はといえば、個別研究の集積、もしくは文理パッチワーク研究に終わるケースが多いのである。

文理融合が必要とされる理由は、前述のような複雑な問題は、文系学問と理系学問の協力なしには解決できないからである。しかし残念なことに、真剣に文理融合をめざす研究者は、理系にも文系にもあまり多くないのが実情である。したがって多くの人が関与するプロジェクトは、たとえそれが各分野の一流の人たちであっても、文理〝融合〟ではなく文理〝分離〟研究になってしまうのである。

科学者や技術者の大半、おそらく8割以上は、もともと技術以外のことに関心がない人たちである。またこれらの人々は、専門分野以外のことに取り組んでも業績にならないばかりか、ドロップアウトの烙印を押されてしまうこともある。

「金融」や「知財問題」という文理融合領域に参入したとき、私は純正エンジニアたちからさまざまな批判をあびた。もともと温かい目で見てもらえるとは思っていなかったが、どちらの場合も奇異の眼と冷笑が待っていた。いくつか例を挙げよう。

私はOR学会の機関誌上で、アルゴリズム特許やビジネス・モデル特許はORの発展にとってプラスにはならないことや、わが国の金融ビジネスを支援するために、より多くのOR研究者が金融工学に参入する必要があることなどを繰り返し主張した。

しかしこのような主張に耳を貸してくださった会員は少数だった。もともと文理融合が売りのOR学会ですらこうなのだから、一般の工学系学会の場合はなおさらである。情報処理学会の学会誌に寄稿を求められたとき、編集委員から、「そもそも金融工学は学問なのか」という痛烈な言葉をあびせられたこともある。

そこで私は、エンジニア以外の人々を相手に発言しようと考えた。ところが、一般のジャーナリズムが、エンジニアにスペースを提供してくれることは滅多にない。エンジニアの難解な文章を掲載しても、文系読者は読んでくれない。理系の人々は、もともと一般誌などにはほとんど目を通さない。誰にも読まれないのだから、掲載する意味がないというわけである。

私が、「金融工学」や「知財問題」に関する一般向けの本を出すことができたのは、佐和隆光氏のような文系スターの後押しがあったためである。彼らの支援がなければ、これらの本が世に出ることはなかっただろう。

要するに、技術者には発言する場がないのである。そのうえほとんどのエンジニアは、「エコノミストや法律家と議論しても勝てるわけがない」とはじめから諦めている。ではこの結果何が起こったか。

金融工学についていえば、(最近までの)金融ビジネスは、大海を漂流する1兆トンタンカーのようなものだった。天気がよい間は順調そうに見えたが、嵐が来た途端に氷山にぶつかってひどい目にあった。羅針盤(技術)を持たずに適当に航海しているのだから、何が起こっても不思議はなかったのである。

また知財問題についていえば、これだけ技術進歩の早い時代であるにもかかわらず、法制度は40年以上にわたってほとんど変わらなかった。最近になって、産業界の強い要請のもとで政治家が立ち上がり、さまざまな改革が行われている。しかし技術者が声を上げるのが遅かったため、2005年に設立された「知財高等裁判所」に、技術者たちの声が十分に取り入れられるにはいたらなかった。相変わらずこれから先も、技術者は「技術についてはH₂Oが水であるという程度の知識があれば十分だ」と豪語する裁判官の家庭教師役を務めさせられることになるのである。

2003年に出たベストセラー『理系白書』には、理系人間はその貢献に見合う処遇を得ることができなかった、というボヤキ声がたくさん取り上げられている。それにはさまざまな理由があるが、最大の理由は、「技術者が声を上げなかったこと」ではないだろうか。法律家に言わせれば、「発言しない技術者は存在しないも同然」なのである。

技術者の8割は、専門を深く追い求めるI型人間であって構わないし、むしろそうあるべきだろう。専門のこと以外に関心がない人には、それに集中してもらうのが、比較優位の原則に照らして望ましいからである。しかし文理融合型問題を扱ううえでは、専門分野だけでなく、周辺分野を広く見ながら研究を行うT型人間が必要である。

しかしここ数年私は、T型人間のほかにパイ型人間が必要だと思うようになった。Πの二本足の一本は、自分本来の専門、すなわちIである。そして横に広く見てTになる。そのうえで必要に応じて、もう一本の足を出してΠになるというわけである。二本目の足を本格的に出すことが、文理融合問題を分析するうえできわめて大事なのである。ちなみに、発明家・中松義郎博士は、かねて技術と社会にまたがる複雑な問題を分析するには、文系知識で武装したエンジニア、すなわち「ブンジニア」が必要だと力説している。

エンジニアがブンジニアになるのは簡単なことではない。しかしそれは決して不可能なことでもないのである。経済学者や社会学者と協力して仕事をするうえでは、〝ミニマム経済学〟と〝ミニマム社会学〟を勉強しておけばよいのである。各科目ごとに10講義ぐらいできているテキストで、これ1冊読めば、エンジニアが経済学者と渡りあえる程度の知識を盛ってある本である。

いまや工学部では、数学教育を自前でやるようになっている。数学者に任せておくより、自分たちがやったほうが実践的な教育ができるからである。おそらく経済学や社会学も、また心理学の場合も、この法則があてはまるのではないだろうか。

理系の人々のことを書いてきたが、文系研究者はどうかといえば、経済学者や社会学者の多くは教条的で、エンジニアの言うことに耳を貸してくれない。技術と社会にかかわる複雑な問題に対して、経済学者は、「その問題は経済学的にいうとかくかくしかじか」と発言する。経済学をよく勉強している人でない限りは、彼らに反論するのは容易なことではない。社会学者の場合も同様である。

ブンジニアは、〝文系知識で武装したエンジニア〟に限るわけではない。〝理系知識で武装した文系研究者〟でもかまわない。実際私は、そういう人を何人も知っている。しかし一般的にいえば、エンジニアがブンジニアになるほうが、文系人がブンジニアになるよりはるかに容易である。

最近、経済学者が経済学者を批判する本がたくさん出ている。それを見ると、専門家同士が同じ問題について180度違う主張をしていることに驚かされる。やや誇張していえば、現実問題については、自分の主観をベースに適当なことを言っている場合が多いのである。

確かに経済学には基本となる理論がある。しかしエンジニアが押さえておくべき重要な事実は、30個か40個ぐらいではないだろうか（しかも、すべての経済学者がこれらのすべてに合意しているわけでもない）。そしてそこから先は、自分の主観を述べているに過ぎないのである。

だとすれば、われわれエンジニアも、30個か40個の事実を理解しておけば、あとは経済学者や社会学者と対等に議論できるはずである。

こう言うと経済学者は、「経済学はそんな浅薄なものではない」と反論するだろう。それはそのとおりに違いない。しかし、現実に役に立つのは基本的な部分、すなわち野口悠紀雄氏が言うところの「ローレベル・エコノミスク」である。これはエコノミクスだけでなく、マセマティクスにもあてはまる。

たとえば、われわれが社会システムを分析するときには、さまざまな数学的手法を使うが、必要なのは基本的な部分だけである。暗号理論を研究するときには、代数学の深い知識が必要だが、社会的問題を計量経済モデルで分析するときには、統計と線形数学の基本的なところ、すなわち「ローマス」を押さえておけばあとは何とかなるのと同じである。

つまり、どの分野にも奥深い理論は山ほどあるが、文理融合問題に役に立つのはその基本的な部分に過ぎない。したがってその部分を押さえておけば、具体的問題と取り組む過程で、エンジニアがブンジニアになることは十分可能なのである。

以上のような理由から、私は文系知識で武装したエンジニア(ブンジニア)が先頭に立ち、文系の人々との協力のもとで行う研究を、「文理融合」ではなく「理文総合」アプローチと呼ぶことにしている。

理文総合で取り組むべき問題はたくさんある。地球環境問題はもとより、知財問題や年金問題も理文総合アプローチが必要である。たとえば、年金問題については、1980年代にある経済学者グループが簡単な試算を行い、「将来の人口構成を考えれば、年金制度は遅かれ早かれ崩壊せざるを得ない」という警告を発していた。しかし当時の厚生省は、この警告を完全に無視した。もしブンジニア（ORの専門家）が理文総合でより精密な分析を行い、継続的に警告を出していれば、いまの事態は防げたかもしれないのである。

洗濯夫の犬

「森口先生の見事なプレゼンテーションを聞いた私は、数学的手法を用いて企業経営や社会的問題を解決する学問、すなわちORこそ自分に与えられた研究テーマであると直観した――」。これは、この本の冒頭に書いた文章である。

私が参入した1960年代はじめ、ORは時代の寵児だった。後のAI、そしていまで言えばITにも匹敵する位置を占めていた。しかし流行は移ろいやすく、1960年代末にスタンフォード大学に留学したとき、日本ではＯＲはすでに斜陽だと言われていた。私は１９９２年に書いた教科書『数理決定法入門』（朝倉書店、１９９２年）の中で、その理由を次のようにまとめている。

（1）ＯＲにおける新理論は、１９６０年代半ばまでにあらかた出尽くしてしまい、研究者たちは理論の精緻化（数学としての厳密化）に力を注いでいた。これは次の時代の発展のために欠かせないものだったが、応用こそＯＲと考える人たちには、ＯＲが現実から遊離してしまったように思われた。

（2）ＯＲは石油精製問題や輸送問題のような、〝型にはまった〟問題に対してはきわめて有力な道具であるが、これらの部分は早々とルーチン化して情報システムの中に組み入れられ、一般の人々には、これがＯＲの貢献であるということが見えにくくなった。その一方で、整数計画問題などの難しい問題は、少しサイズが大きくなると解けなくなるため、実用的でないと批判された。

（3）ＯＲは〝戦術的〟な問題には有効だが、〝戦略的〟問題には役に立たないという批判が、ボディーブローとなってダメージを与えた。これは、戦術的問題があまりにうまく解けてしまったことへの反動による部分が大きかったが、ORを厳密科学として位置づけようとする主流派たちは、戦略的問題を解決するための努力、もしくは問題自体を黙殺したため、ORを狭い範囲に閉じ込めることになってしまった。この結果、多目的最適化やヒューリスティック解法などは、ORの外で発展することになった。

(4)　ORはQCのような大衆化路線をとらず、〝知る人ぞ知る〟の高級路線を堅持した。この顕著な例は、オペレーションズ・リサーチに対応する日本語を発明せず、ORのままにしておいたことである。この結果、ORは一般の人々から敬遠される結果を招いた。

(5)　供給に限りのある〝数理に強いエンジニア〟を、計算機科学など新興分野に奪われた。また欧米と違って、数学や経済学の分野からの新規参入が乏しかった。

このような状況の中、1970年にスタンフォード大学を訪れた佐和隆光氏が、「いま頃からORなんかやって、一体どうなるんでしょうね」という言葉を発したとき、私は「それでも、いまから経済学をやるよりはマシでしょう」といいかけて、危うく言葉を呑みこんだ。相手は、竹内啓先生と対等にやり合える論客だから、こんな人と論争して消耗するのは得策でないと判断したからである。そのうえ私は、誰が何を言おうがORの未来を信じていたから、論争するまでもないと考えたのだ。

事実、線形計画法をはじめとする数理計画法や、待ち行列などの確率モデルは、さまざまな分野に利用され問題解決に役立っていたし、きわめつきの秀才たちがこの分野に参入していた。ある分野の盛衰は、そこに流れ込む人材の質と資金量で決まる。この意味で、私はＯＲの将来は暗くないと思ったのである。

あれから35年、私は一度もＯＲに対する夢を失うことはなかったし、いま、その夢はさらに広がっている。佐和隆光氏がある時期を境に経済学に幻滅し、経済学(者)批判を繰り返しているのと比べて、いまもＯＲの未来を信じている私は、幸せな研究者人生を送ったというべきだろう。

ＯＲ学会が会員数を減らし、世間の認知度が依然として上がってないのに、「そんな呑気なことを言っていていいのか」とお叱りを受けそうだが、なぜ私が楽観的なのかをお答えしよう。

ＯＲの専門家たちは、どのような理由でこの分野を選んだのだろうか。答えは人さまざまだろうが、私の場合についていえば、「数学にはある程度自信がある。しかし、職業としての数学者になる気はないし、なれるとも思わない。数学的能力を生かして、世の中の役に立つことをやりたい」。ORの専門家になろうと思った最大の理由はこれである。

ついでにいえば、応用化学、造船、原子力といった特定の分野に深くコミットするより、何にでも応用できる汎用性のある分野の方が、長続きしそうだと思ったのである。

はじめは漠然とそう思っていただけだったが、次第にこの考えが間違っていなかったことが明らかとなる。1960年代の繊維産業にはじまり、次々と不況に陥った鉄鋼、造船、化学、土木産業、そして日本の将来を担うと目された原子力工学の不運。この過程でいくつもの学科が姿を消し、多くの人が専門を変えた。40年にわたって無傷だったのは、守備範囲の広い機械工学と電気工学ぐらいではなかったか？　これに比べると、ORは花形でなくなったとはいうものの、応用分野は広がり続けている。

ORは典型的な分野横断型(horizontal)技術である。電気、機械、土木、化学、さらに建築などの垂直(vertical)分野のどこにでも応用がある。電気工学ではネットワーク・フロー、輻輳、回路設計。機械工学では生産・在庫管理やスケジューリング。化学工学の場合は、プロセス管理や工程管理、土木・建築分野でも最適配置などの研究者が活躍している。また経済や経営学でいえば、ファイナンスや管理会計などは、ORそのものと言っていいくらいである。

OR的思考法、OR的手法はどこにでも応用可能なものである。しかし vertical 分野でOR

を研究している人たちは、自らをＯＲの専門家とは名乗らない。ＯＲ手法を用いて、組織の中でマーケティング、レベニュー・マネージメント、サプライ・チェーン・マネージメントなどの仕事をしている人は、自らをＯＲではなく、その領域の専門家と位置づける。なぜなら、その方が具体的で、他人に説明しやすいからである。ＯＲが目立たないのはこれが原因である。

ロンドン大学ビジネス・スクールの M. Sodhi 氏は、『ＯＲ／ＭＳ』誌上でＯＲの専門家を〝washerman's dog〟に喩えている。ＯＲ手法を研究する一方で、それをマーケティングに応用する人は、家に所属するわけでもなく、川べりの洗濯場に所属するわけでもない〝洗濯夫の犬〟と同じ立場にあるというのだ。

〝洗濯夫の犬〟は、二つの領域にまたがる仕事をする人々に対する蔑称であろう。しかし都合よく解釈すれば、誰にも拘束されることなく自由に行動し、役に立つ仕事をしている犬と考えることもできる。そしてこのような人たちに対しては、〝両刀遣い〟という敬称もある。

ＯＲをやっていてよかったと思うのは、私が生まれつきの洗濯夫の犬だからである。特定の分野に束縛されることなく、好きな飼い主を見つけてそこで仕事をする。仕事が面白い間はそこでお世話になる。つまらなくなったらよそに行けばよい。

洗濯夫の犬としての私のスキルは、ＯＲ（数理計画法）である。私はこのスキルを磨き、それを学生たちに講義するとともに、あるときは化学工学、あるときは金融工学、そしてあるときは社会システムに応用してきた。

したがって私は、個人的にはORの現状に全く不満をもっていないのである。次に生まれたとしても、もう一度ORをやるだろう。しかしそんな私でも、OR学会の会長ともなれば、話は違ってくる。

洗濯夫の犬が、現状に満足せず、今後の発展をめざす道は二つある。

一つは、ORのスキルを養成するための本格的な組織を作ることである。現在日本の大学では、ORの専門家は、経営工学科、システム工学科、数理工学科、情報科学科などで育てられている。しかしこれらの学科の中で、ORが中心を占めるところはほとんどない。有力な大学にORの主要スキル、すなわち最適化、確率モデル、シミュレーション、評価手法などを研究・教育する学科を作れば、専門家の間でのORのプレステージは格段に高まるだろう。

米国には、コーネル、バークレー、ミシガン、プリンストンなどの一流大学に、ORの名を冠せた学科がある。またMIT、ジョージア工科大学、フロリダ大学などにも、実質的な意味でOR学科と呼んでいい学科がある。しかしそれにもかかわらず、MITで開催されるパーティで、ORという言葉を知っている人は、10人に1人に過ぎないという。

つまりこのような学科を作っても、一般への認知度が高まるとは限らないということだ。しかし最も大事なことは、専門家集団の中での認知度とレピュテーションを高めることなのである。

ＯＲ学会としてのもう一つの道は、〝両刀遣い〟のエンジニアの育成をめざすことである。自分のことを引き合いに出すのは気が引けるが、私はＯＲの専門家としてファイナンスの世界に入り込み、経済学者に対抗して店を出し、一定の成果を上げることに成功した。また、いまＯＲの専門家として、ソフトウェア特許／ビジネス・モデル特許の分野に参入し、法律家たちから目の仇にされている。

世の中には次々と新しい問題が発生する。数学やＯＲ手法を武器に、いち早く新分野に参入してチャンピオンになったのは、私の師である森口繁一先生である。若い頃の航空力学にはじまり、戦後の統計学、ＯＲ、数値解析、計算機プログラミングの世界のリーダー役を勤めた森口先生は、類い稀な数学的才能と、エンジニアとしての直観とスキルを併せもっていた。

森口先生の千分の1の才能しかない私は、経済学者と法律家に〝一泡吹かせる〟程度が限界だった。しかしＯＲ学会には、森口先生の10分の1以上の才能をもつすばらしい人材がたくさんいる。

若い優秀なＯＲ研究者は、両刀遣いもしくは多刀遣いの〝washerman's dog〟をめざし、新しい分野に参入し、ＯＲ学会の中に根づかせるとともに、仲間たちをＯＲ学会に引っ張りこんでほしいものである。

私の場合は、「投資と金融のＯＲ」研究部会を組織し、10年以上にわたって数百人の研究者／ビジネスマンと仕事をしてきた。しかし残念なことに、これらの人々をＯＲ学会に引き込むことはできなかった。会員・非会員を平等に扱い、参加費５００円で誰でも自由に参加できるようにするという致命的ミスを犯したためである。もしも学会員は無料、非会員は３０００円(1万円?)とでもしておけば、研究部会の参加者は減っただろうが、ＯＲ学会の会員数は確実に増えていたはずである。

すでに書いたとおり、21世紀の人類社会には未曾有の困難が待ち構えている。いまは地球温暖化に焦点があたっているが、エネルギー／資源問題、人口問題、環境汚染、年金問題など複合的な問題群が、束になって襲ってくるのである。

ちなみに、１９９０年代に5億円の資金と5年の時間を投じて行われた科学研究費重点領域研究、「高度技術社会の展望」の最終報告は、２０５０年の暗黒の未来を描き出している。この時点で、いまのＩＴ技術の発展を見通すことができなかったことは、この報告書の結論に大きな影響を与えている。ＩＴ技術の進歩は、間違いなくこれらの困難を軽減する役割を果たしてくれるだろう。しかし、ＩＴ技術だけですべての問題が解決されると考えるのは楽観的過ぎる。

複合的な問題を分析し、解決の処方箋を書くためには、「理文総合」の本格的研究が求められる。そしてそれをリードするのは、〝多刀遣い〟のＯＲ専門家の役割なのである。

ヨーロッパに本拠をおくコンサルティング会社、「ＡＲＣグループ」は、21世紀を〝最適化の時代〟と呼んでいる。また米国産業競争力委員会が２００４年に発表したパルミサーノ・レポートは、ＯＲをコンピュータ・サイエンスなどとならぶ〝サービス科学の旗手〟と位置づけている。

先行きの短い人間が、未来を論じるには謙虚さが必要である。しかしどう謙虚に見積もっても、最適化技術すなわちＯＲはこれからが出番なのである。

索　　引

〔事項索引〕

［タ］

〔人名索引〕

[ア]

[カ]

[サ]

[タ]

[ナ]

[ハ]

[マ]

[ラ]

著者略歴

今 野　浩(こんの　ひろし)

1940年生まれ。東京大学大学院数物系研究科応用物理学専攻修士課程修了、スタンフォード大学大学院オペレーションズ・リサーチ学科修了。東京工業大学大学院社会理工学研究科経営工学専攻教授、同理財工学研究センター長などを経て、中央大学理工学部経営システム学科教授。日本オペレーションズ・リサーチ(OR)学会前会長。

21世紀のOR

2007年9月20日　第1刷発行

検印省略

著 者　今 野　　浩
発行人　谷 口 弘 芳

発行所　株式会社 日科技連出版社
〒151-0051　東京都渋谷区千駄ヶ谷5-4-2
電話　出版 03-5379-1244
　　　営業 03-5379-1238～9
振替口座　東京 00170-1-7309

Printed in Japan
印刷・製本　㈱シナノ

URL http://www.juse-p.co.jp/
ISBN 978-4-8171-9236-3